I0470813

www.ingramcontent.com/pod-product-compliance
Lightning Source LLC
Chambersburg PA
CBHW081441170526
45166CB00008B/2275
9781489572196

الهيدرولوجيا بإيجاز: الوطن العربى نموذجاً

تأليف: داوى هان

أستاذ المياه والهندسة البيئية، جامعة برستول، المملكة المتحدة

ترجمة وتعريب: أيمن عبد الحميد أحمد

أستاذ جيولوجيا المياه المشارك، جامعة سوهاج، جمهورية مصر العربية

الطبعة الأولى 2013م

(8 مايو 2013)

الناشر: كريت سبيس، الولايات المتحدة الامريكية

الترقيم الدولى:

ISBN-13: 978-1489572196

ISBN-10: 1489572198

منافذ التوزيع على مواقع الامازون:

http://www.amazon.com/Concise-hydrology-World-Arabic-version/dp/1489572198

http://www.amazon.fr/Concise-hydrology-World-Arabic-version/dp/1489572198

http://www.amazon.co.uk/Concise-hydrology-World-Arabic-version/dp/1489572198

http://www.amazon.it/Concise-hydrology-World-Arabic-version/dp/1489572198

http://www.amazon.de/Concise-hydrology-World-Arabic-version/dp/1489572198

http://www.amazon.es/Concise-hydrology-World-Arabic-version/dp/1489572198

صورة الغلاف: شبكة الشدادين الرسمية

http://up.shdadeen2.com/up/4_2011/shdadeen13225968651.jpg

صورة الغلاف لأصل الكتاب المترجم للمؤلف داوى هان

مقدمة المؤلف

تعد الهيدرولوجيا من فروع العلوم والهندسة التي تتعامل مع تواجد المياه وتوزيعها وحركتها وخصائصها، وتعتبر المعرفة بهذا العلم من المبادىء المهمة للعاملين بمجالات المياه والبيئة (المهندسين والعلماء وصناع القرار) في كثير من المهام مثل تصميم وتشغيل الموارد المائية ومعالجة مياه الصرف الصحي والري ومجابهة الفيضانات والملاحة والتحكم في التلوث والطاقة المائية ونمذجة النظم الأيكولوجية وغيرها من المهام ذات العلاقة، والكتاب الذي بين أيدينا هو كتاب تمهيدي حول الهيدرولوجيا لطلاب المرحلة الجامعية في الهندسة المدنية والبيئية والعلوم البيئية والجغرافيا والدارسين لعلوم المياه، والهدف منه هو توفير تغطية موجزة من المحتويات الرئيسية في مجال الهيدرولوجيا.

ويغطي هذا الكتاب النظريات الأساسية في الدورة الهيدرولوجية (الميزانية المائية والمياه في الغلاف الجوي والمياه الجوفية والمياه السطحية) وتحليل هطول الأمطار والتبخر والتبخر-نتح والتسرب وحركة المياه الجوفية وتحليل الهيدروجراف ونمذجة هطول الأمطار والجريان السطحي (وحدة الهيدروجراف) وحركة التدفق الهيدرولوجي والقياسات الحقلية وجمع البيانات و التصميم والإحصاء الهيدرولوجي، وقد تم إعداده في صيغة موجزة متكاملة مع الأشكال التوضيحية ذات الصلة بالموضوعات المختارة، وهناك عديد من الأمثلة لتوضيح النظريات المقدمة في هذا الكتاب، كما تم تزويد الكتاب بمجموعة من الأسئلة والحلول عقب كل فصل، كما تم إدراج قائمة بمصادر أخرى للاطلاع ولاستكشاف المزيد من موضوعات الهيدرولوجيا.

داوى هان

مركز بحوث الإدارة البيئية والمياه

قسم الهندسة المدنية بجامعة برستول

المملكة المتحدة

يناير 2010

مقدمة المترجم

يتزايد فى الآونة الأخيرة الاهتمام بعلوم الهيدرولوجيا لما يشهده العالم بصفة عامة والوطن العربة بصفة خاصة من تغيرات فى النظم المائية وما يتبعها من نزاعات وحروب محتملة فى العقود المقبلة، ونظراً لخلو المكتبة العربية لكثير من المصادر العربية فى علوم المياه لتسهل على الدارسين والمهتمين بها اللحاق بالتطورات فيها، كان الهدف من ترجمة وتعريب هذا الكتاب ليكون مصدراً للقراءة والاطلاع بصورة مختصرة للطلاب والباحثين والمهتمين بعلوم المياه والأنظمة المائية فى وطننا العربى الذى يعانى من مشكلات المياه والآثار المترتبة عليها.

ويتناول الكتاب عبر عشرة فصول النظريات الأساسية فى الدورة الهيدرولوجية وتحليل هطول الأمطار والتبخر والتسرب وحركة المياه الجوفية وتحليل الهيدروجراف ونمذجة هطول الأمطار والجريان السطحي وحركة التدفق الهيدرولوجى و القياسات وجمع البيانات و التصميم والإحصاء الهيدرولوجى ويحتوى الكتاب على تمارين محلولة وأسئلة وإجاباتها فى نهاية كل فصل مما يجعل الكتاب مرجعاً مهماً للطلاب والمهندسين والمهتمين بعلوم المياه.

ولكى يجنى القارىء العربى الفائدة المرجوة من هذا الكتاب فقد تم إضافة بعض المشاهدات الهيدرولوجية والنماذج والأمثلة والأشكال التوضيحية من البيئة العربية.

هذا وقد ذيلنا الكتاب بقائمة بالمصطلحات المهمة الواردة فى متنه آملين أن تكون هذه الترجمة المعربة خطوة نحو ترسيخ مفهوم الهيدرولوجيا بشىء من الإيجاز لأبناء وطننا العربى.

أيمن عبد الحميد أحمد

أستاذ م. جيولوجيا المياه

كلية العلوم بجامعة سوهاج

جمهورية مصر العربية

3 يوليو 2013م

3

إهداء

أهدى هذا العمل إلى أبنائى كريم وزياد وجاسمين آملاً فى مستقبل باهر لهم ولأبناء وطننا العزيز..

أيمن عبد الحميد أحمد

3 يوليو 2013م

المحتويات

12

الفصل الأول

مقدمة

تعد الهيدرولوجيا من فروع العلوم والهندسة التى تتعامل مع تواجد المياه وتوزيعها وحركتها وخصائصها، وتعتبر المعرفة بهذا العلم من المبادىء المهمة للعاملين بمجالات المياه والبيئة (المهندسين والعلماء وصناع القرار) في كثير من المهام مثل تصميم وتشغيل الموارد المائية ومعالجة مياه الصرف الصحي والري ومجابهة الفيضانات والملاحة والتحكم فى التلوث والطاقة المائية ونمذجة النظم الايكولوجية وغيرها من المهام ذات العلاقة.

والكتاب الذى بين ايدينا هو كتاب تمهيدي حول الهيدرولوجيا لطلاب المرحلة الجامعية في الهندسة المدنية والبيئية والعلوم البيئية والجغرافيا، والهدف منه هو توفير تغطية موجزة من المحتويات الرئيسية في مجال الهيدرولوجيا مع القاء الضوء على بعض النماذج المختارة من بعض بلدان الوطن العربى.

ويغطي هذا الكتاب النظريات الأساسية في الدورة الهيدرولوجية (التوازن المائى والمياه في الغلاف الجوي والمياه الجوفية والمياه السطحية) وتحليل هطول الأمطار والتبخر والتسرب وحركة المياه الجوفية وتحليل الهيدروجراف ونمذجة هطول الأمطار والجريان السطحي (وحدة الهيدروجراف) وحركة التدفق الهيدرولوجى و القياسات وجمع البيانات و التصميم والاحصاء الهيدرولوجى.

الدورة الهيدرولوجية Hydrological Cycle

دورة المياه فى الطبيعة والتى تعرف أيضاً بإسم الدورة الهيدرولوجية تصف الحركة الدائمة للمياه على وفوق وتحت سطح الأرض وتقوم الشمس باشعاع الطاقة الشمسية Solar energy على المحيطات واليابسة، ويتبخر الماء إلى بخار Evaporation ويتحول الجليد والثلج مباشرة إلى بخار ماء من خلال عملية التسامى Sublimation، وتشمل عملية التبخر على تبخر المياه من النبات والتربة Evapotranspiration، وتقوم التيارات الهوائية المتصاعدة Advection بحمل بخار الماء إلى الغلاف الجوى حيث يتكاثف إلى سحاب Clouds بفعل درجات الحرارة الباردة، كما تعمل التيارات الهوائية على تحريك السحب حول الكرة الأرضية حيث تنمو جزيئات السحاب وتتصادم مع

بعضها وتتساقط على الأرض على هيئة هطول مطرى Precipitation، بعض الهطول المطرى ينزل على الأرض على هيئة ثلوج والتى يمكن أن تتراكم لتكون قمم جليدية وثلاجات تقوم بتخزين المياه لآلاف السنين، كما يمكن للركام الثلجى أن يذوب وينساب على سطح الأرض على هيئة ثلوج ذائبة، كما يعود معظم الهطول المطرى مرة أخرى إلى المحيطات أو ينساب على اليابسة على هيئة جريان سطحى ويلتحق جزء من هذا الجريان السطحى بالأنهار من خلال الوديان وأحواض التصريف الموجودة بالطبيعة وقد تنساب المجارى المائية إلى المحيطات، ويتخزن هذا الجريان السطحى على هيئة مياه عذبة فى البحيرات (شكل 1)، وجدير بالذكر أنه ليس كل الجريان السطحى يصب فى الأنهار بل يصل الكثير منه إلى داخل الأرض عن طريق التسرب Infiltration أو يتسرب عميقاً إلى باطن الأرض ليغذى المياه الجوفية والتي تقوم بتخزين كميات هائلة من المياه العذبة لفترات طويلة من الزمن، ويظل بعض من هذا التسرب على مقربة من سطح الأرض ويمكن أن يتسرب راجعاً إلى المياه السطحية (والمحيطات) على هيئة تفريغ للمياه الجوفية، كما تخرج بعض المياه الجوفية على هيئة ينابيع من المياه العذبة من خلال فتحات طبيعية فى سطح الأرض، وبمرور الزمن تعود المياه مرة أخرى إلى المحيط حيث بدأت دورة المياه الرئيسية (Wikipedia, 2009).

العمليات الهيدرولوجية الرئيسية Key Hydrological Processes

(أ) التساقط *Precipitation*

يعرف بأنه بخار الماء المتكاثف والذى يسقط على سطح الأرض، معظم التساقط يكون على هيئة أمطار ولكن يشمل أيضاً الثلج والبرد والضباب والجليد ... الخ.

(ب) الجريان السطحى *Runoff*

ويعبر عن الطرق المتنوعة التى يتحرك بها الماء عبر سطح الأرض والذى يشمل الجريان السطحى والجريان من خلال قنوات وهو ما يعرف أيضاً بإسم السيول، ويمكن للماء عندما يتدفق أن يتسرب إلى الأرض أو يتبخر إلى الهواء أو يختزن فى البحيرات أو الخزانات أو يستخدم للأغراض الزراعية والاستخدامات البشرية الأخرى، وفيما يلى بعض الصور للجريان السطحى فى وادى نجران بالمملكة العربية السعودية (شكل 2 إلى 5).

(ج) التسرب *Infiltration*

يقصد به سريان المياه من سطح الأرض إلى باطن الأرض، وبمجرد حدوث التسرب يصبح الماء في صورة رطوبة بالتربة أو مياه جوفية.

(د) السريان تحت السطحي *Subsurface Flow*

يقصد به سريان المياه تحت سطح الأرض في نطاق التهوية وخلال خزانات المياه الجوفية، ويمكن للمياه الجوفية العودة إلى سطح الأرض (من خلال الينابيع او من خلال الضخ) أو تنساب في النهاية إلى المحيطات، ويعود الماء إلى سطح الأرض في المناطق ذات الارتفاعات المنخفضة تحت تأثير قوة الجاذبية الأرضية أو الضغوط بفعل الجاذبية، وتميل المياه الجوفية إلى الحركة ببطء وتتجدد ببطء لذلك يمكن أن تبقى في الخزانات الجوفية لآلاف السنين.

(هـ) التبخر والتبخر – نتح *Evaporation and transpiration*

يقصد بالتبخر تحول الماء من الحالة السائلة إلى الحالة الغازية عند انتقالة من الأرض أو المسطحات المائية إلى الغلاف الجوي، ويعد الإشعاع الشمسى هو المصدر الرئيسى للطاقة اللازمة للتبخر، و في كثير من الأحيان يشمل التبخر ضمنيا النتح من النباتات، ولذلك يطلق عليهما معا التبخر – نتح Evapotranspiration.

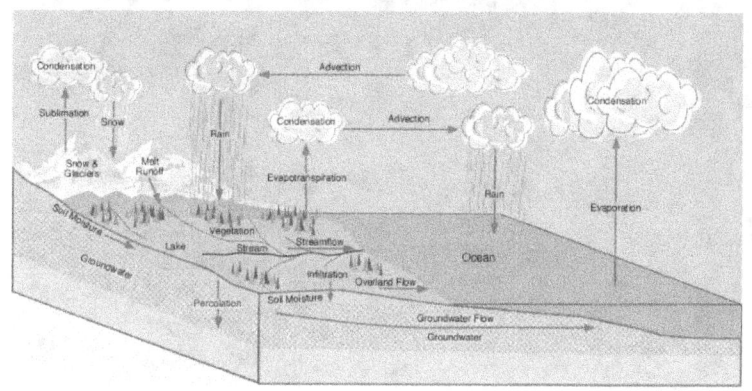

شكل (1) الدورة الهيدرولوجية في الطبيعة.
المصدر: http://www.eoearth.org/article/Hydrologic_cycle

شكل (2) سيول سيناء بمصر في 2010/1/18م.
المصدر: http://files.fatakat.com/2010/1/1263889121.jpg

شكل (3) سيول وادى بعيثران بالرياض بالمملكة العربية السعودية يوم 2012/4/23م
المصدر: http://www.mekshat.com/vb

شكل (4) الجريان السطحى (السيول) فى نجران فى احدى أودية المحافظات الشمالية بالمملكة العربية السعودية فى 2012/4/9م.

المصدر: http://www.3trr.net/47139.html

شكل (5) الجريان السطحى على ترينة وغشام بجنوب قطر فى أول أيام عيد الأضحى عام 1431هـ.

المصدر: http://farm2.static.flickr.com/1273/5187027318_8f61b3c9fa.jpg

الوحدات الشائعة Common Units

عادة ما يتم تسجيل معدل السريان في المجارى المائية والأنهار بالمتر المكعب في الثانية أو قدم مكعب في الثانية، وغالبا ما يتم قياس الحجوم بالمتر المكعب أو الجالون أو اللتر، ويتم تسجيل هطول الأمطار بالبوصة أو الملليمتر، وتمثل عادة معدلات هطول الأمطار بالبوصة أو السنتيمتر في الساعة، ويتم قياس كلاً من التبخر والتبخر - نتح والتسرب بالبوصة أو المللیمتر فى اليوم أو فى فترات زمنية أطول.

بعض التحويلات الشائعة:

1 بوصة = 0.254 متر = 25.4 مم

1 قدم = 0.3048 متر

1 جالون = 0.003785 متر^3

1 متر^3 = 1000 لتر

1 ميل = 1.609 كم

توزيع المياه فى المكان والزمان Water Distribution in Space and Time

يبين جدول (1) التقديرات الإجمالية لكميات المياه على الكرة الأرضية ومن مختلف العمليات، ويتضح من هذا الجدول أن معظم مياه الأرض موجودة في المحيطات (96.5٪)، أما المياه العذبة فهى تشكل نسبة ضئيلة من مجموع كميات المياه (2.5٪) ومختزنة بشكل رئيسي في الجليد.

جدول (1) حصر كميات المياه فى العالم (Chow, et al., 1988).

الخزان		حجم المياه (كم^3 X 1000)	النسبة المئوية من إجمالى المياه	النسبة المئوية للمياه العذبة
المحيطات	Oceans	1338000	96.5	
القمم الجليدية والثلاجات	Ice Caps and Glaciers	24364.1	1.8	69.6
المياه الجوفية (العذبة)	Groundwater (Fresh)	10530	0.76	30.1
المياه الجوفية	Groundwater	12870	0.93	

(المالحة)	(Saline)			
البحيرات (العذبة)	Lakes (Fresh)	91	0.007	0.3
البحيرات (المالحة)	Lakes (Saline)	85.4	0.006	
رطوبة التربة	Soil Moisture	16.5	0.001	0.05
الغلاف الجوى	Atmosphere	12.9	0.001	0.04
المجارى المائية والأنهار	Streams and Rivers	2.12	0.000	0.006
المستنقعات	Marshes	11.47	0.001	0.03
الغلاف الحيوى	Biosphere	1.12	0.000	0.003
الإجمالى	Total	1385985	100.0	
المياه العذبة	Fresh water	35029	2.5	100

زمن البقاء Residence time

يقصد بزمن البقاء بأنه متوسط المدة التى يأخذها جزىء من الماء للمرور عبر مسطح مائى، ويمكن حساب زمن البقاء من خلال قسمة حجم المياه على معدل السريان، ويبين الجدول رقم (2) بعض القيم المقدرة لأزمنة البقاء.

جدول (2) متوسط زمن البقاء (Wikipedia, 2009) لبعض الاجسام والمسطحات المائية.

الجسم المائى		متوسط زمن البقاء
المحيطات	Oceans	2600 إلى 3200 سنة
الثلاجات	Glaciers	20 إلى 100 سنة
الغطاء الثلجى الموسمى	Seasonal snow cover	2 إلى 6 شهر
رطوبة التربة	Soil moisture	1 إلى 2 شهر
المياه الجوفية: الضحلة	Groundwater: shallow	100 إلى 200 عام
المياه الجوفية: العميقة	Groundwater: deep	10000 عام
البحيرات	Lakes	50 إلى 100 عام
الأنهار	Rivers	2 إلى 6 شهر
الغلاف الجوى	Atmosphere	أيام

التوازن المائي Water Balance

يعتبر إجمالي كميات المياه المتاحة على الأرض محدودة ومحفوظة، وعلى الرغم من أن إجمالي حجم المياه في الدورة الهيدرولوجية بالكرة الأرضية ثابتة إلا أن توزيع هذه المياه يتغير باستمرار في قارات العالم وفي المناطق ومستجمعات المياه المحلية. ويعبر الجدول (3) عن الميزانية المائية السنوية بالكرة الأرضية.

جدول (3) الميزانية المائية السنوية بالكرة الأرضية (Chow et al., 1988).

اليابسة	المحيط	
148.8	361.3	المساحة (x 10^6 كم)
119	458	التساقط (x 10^3 كم^3/سنة)
800	1270	التساقط (مم/سنة)
72	505	التبخر (x 10^3 كم^3/سنة)
484	1400	التبخر (مم/سنة)
		الجريان السطحي إلى المحيط
44.7		الأنهار (x 10^3 كم^3/سنة)
2.2		المياه الجوفية (x 10^3 كم^3/سنة)

من قانون بقاء المادة يمكن التعبير عن الميزانية المائية لأى تخزين بالعلاقة الاتية:

$$Q_I - Q_O = \frac{dS}{dt} \qquad (1)$$

حيث:

Q_I: معدل التدفق الداخل

Q_O: معدل التدفق الخارج

S: التخزين

لاى نظام غير متصل خلال مدة زمنية Δt يمكن التعبير عن المعادلة (1) بالصورة

$$V_I - V_o = \Delta S \qquad (2)$$

حيث:

V_I: الحجم الداخل

V_o: الحجم الخارج

ΔS: التغير في التخزين

21

حوض التصريف Catchment

حوض التصريف (ويسمى أيضاً الحوض النهرى أو مستجمع المياه) هو منطقة من الأرض تتجمع فيها عدة روافد لتشكل مجرى رئيسى واحد حيث تقوم بتجميع مياه الأمطار أو الثلوج وتوجيهها إلى جسم مائى مثل النهر أوالبحيرة أو المصب أو الأراضى الرطبة أو البحر أو المحيط (شكل 6)، ويعتبر حوض التصريف وحدة ذات أهمية بالغة فى علم الهيدرولوجيا لدراسة حركة المياه داخل الدورة الهيدرولوجية حيث معظم المياه المتجمعة من مخرج الحوض نشأت من خلال عمليات التساقط المطرى، وفيما يلى بعض الأمثلة لأحواض التصريف بالوطن العربى فى كل من شبه الجزيرة العربية، والمملكة العربية السعودية، وفلسطين، وجمهورية مصر العربية كما فى الأشكال التالية (شكل 7 إلى 12):

التوازن المائى لحوض التصريف Catchment water balance

يعتبر التساقط المصدر الرئيسى لمدخلات النظام المائى لحوض التصريف حيث تتحكم كميات المياه من الجريان السطحى وجريان المياه الجوفية والتبخر-نتح فى التغير فى التخزين للحوض، كما يمكن التعبير عن معادلة التوازن المائى لحوض التصريف كالآتى:

$$P - R - G - ET = \Delta S \tag{3}$$

حيث:

P: التساقط

R: الجريان السطحي

G: جريان المياه الجوفية

ET: التبخر- نتح

S: التغيير فى التخزين لحوض التصريف.

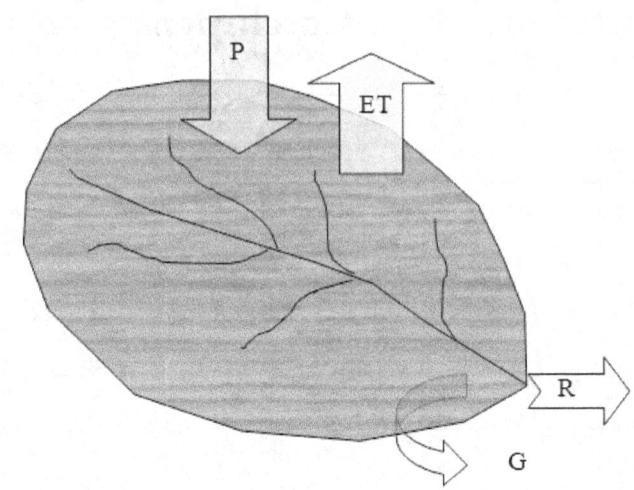

شكل (6) التوازن المائي لحوض التصريف.

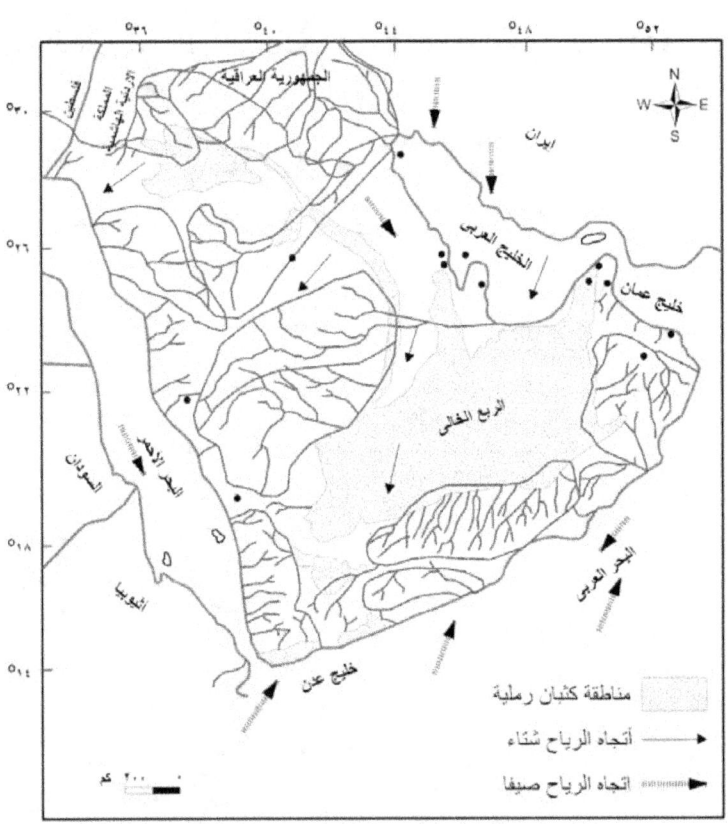

شكل (7) خريطة أحواض التصريف بشبه الجزيرة العربية.

(المصدر: دياب 2000)

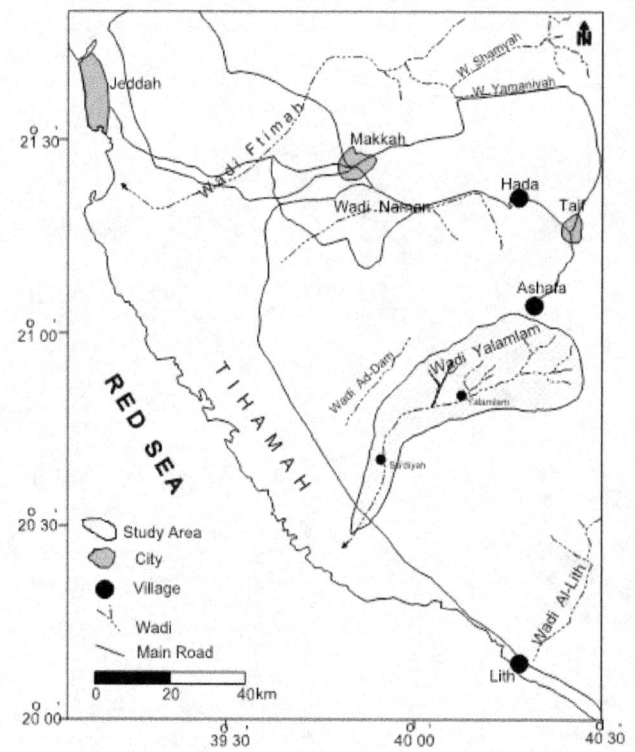

شكل (8) خريطة توضيحية لمواقع بعض أحواض التصريف بالمملكة العربية السعودية.
(المصدر: Bayumi 2008)

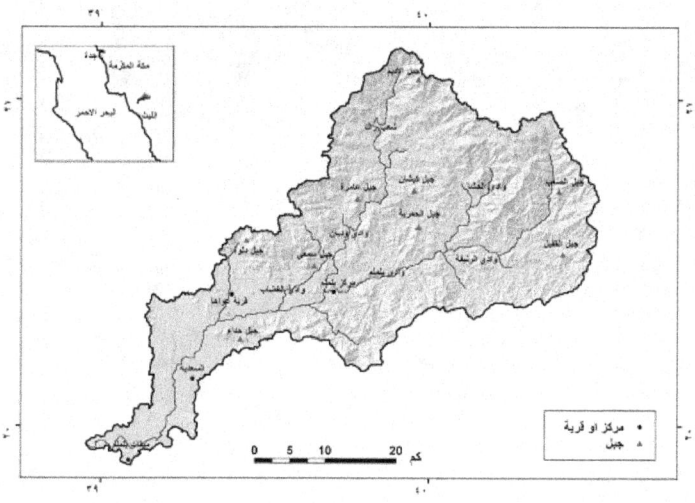

شكل (9) حوض وادى يلملم من أودية مكة المكرمة.
(المصدر: عجلاني 2010م)

24

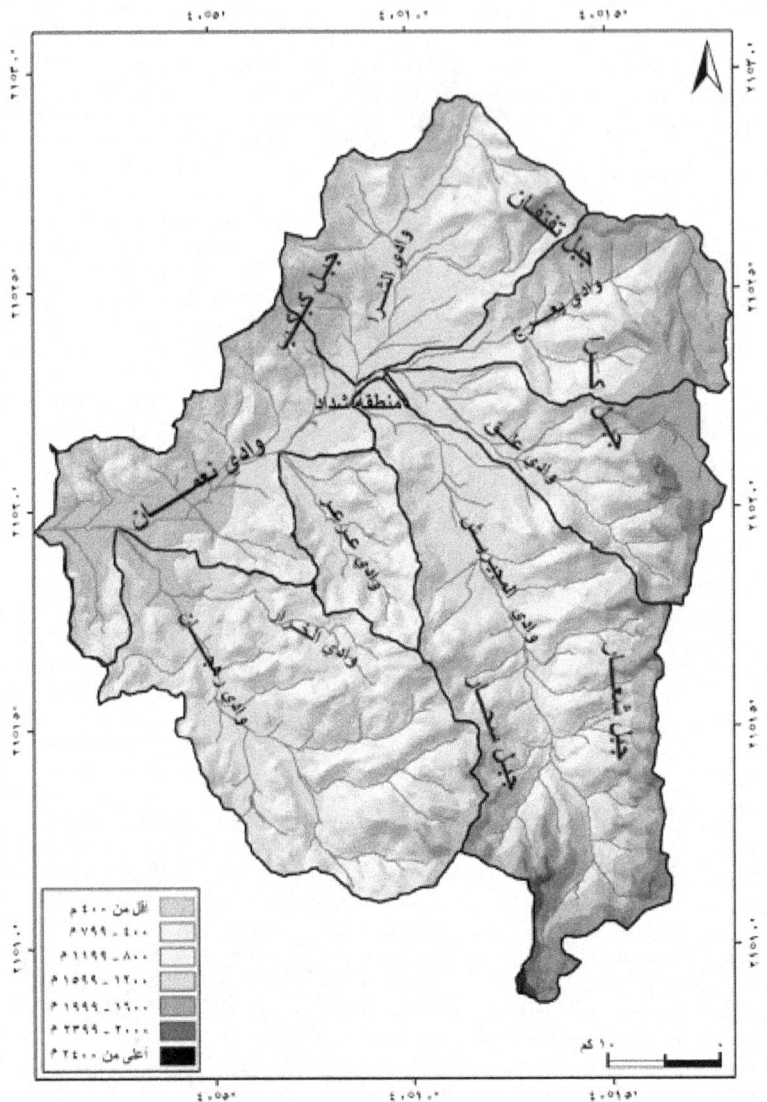

شكل (10) حوض وادي النعمان، مع حدود أحواضه الجزئية الكبرى.

(المصدر: الغامدي 2009)

25

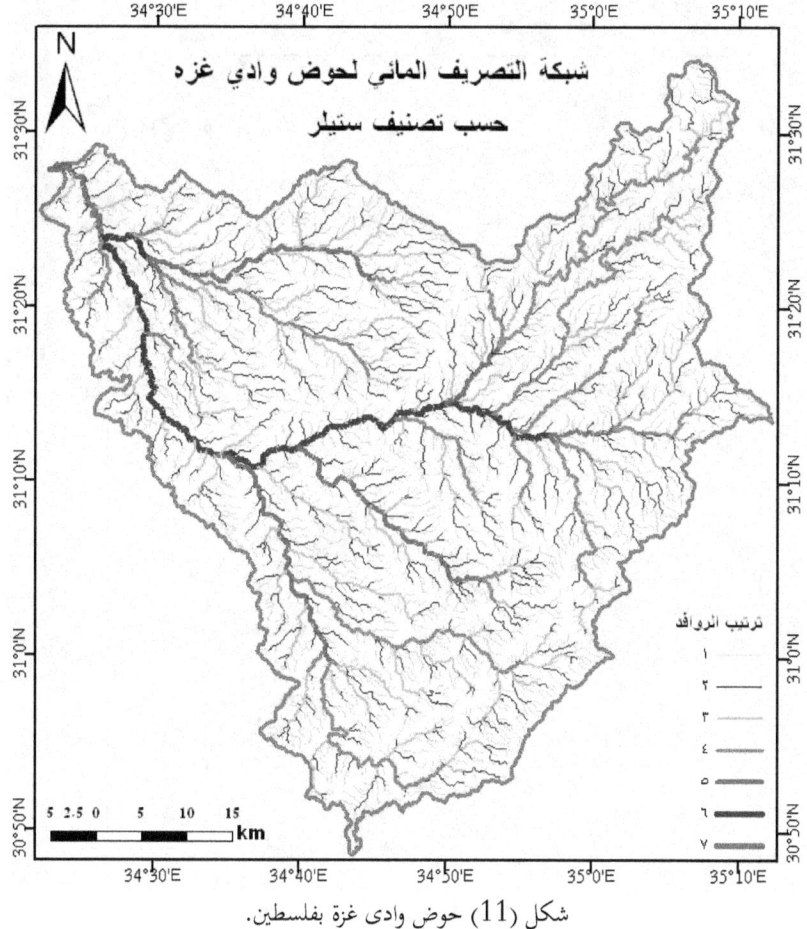

شكل (11) حوض وادى غزة بفلسطين.

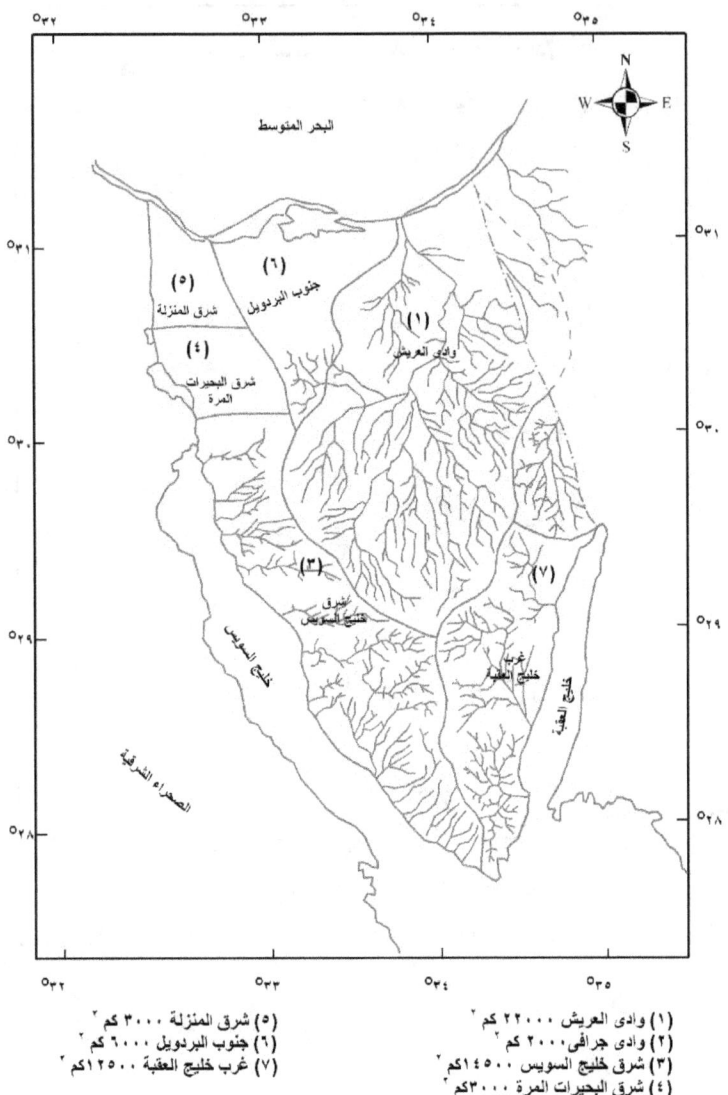

(٥)
شرق المنزلة
(٦)
جنوب البردويل
(١)
وادى العريش
(٤)
شرق البحيرات المرة
(٣)
شرق خليج السويس
(٧)
غرب خليج العقبة
خليج السويس
خليج العقبة

(١) وادى العريش ٢٢٠٠٠ كم٢
(٢) وادى جرافى ٢٠٠٠ كم٢
(٣) شرق خليج السويس ١٤٥٠٠كم٢
(٤) شرق البحيرات المرة ٣٠٠٠كم٢
(٥) شرق المنزلة ٣٠٠٠ كم٢
(٦) جنوب البردويل ٦٠٠٠ كم٢
(٧) غرب خليج العقبة ١٢٥٠٠كم٢

شكل (12) أحواض التصريف بشبه جزيرة سيناء بجمهورية مصر العربية.

(المصدر: دياب 2000)

27

تمرينات محلولة

تمرين (1)

إذا كان حجم المياه من الغلاف الجوى 12,900 كم^3 والتبخر من الأرض 72,000 كم^3/سنة والتبخر من المحيط 505,000 كم^3/سنة فاحسب زمن الإقامة لجزيئات المياه فى الغلاف الجوى (باليوم).

الحل

يمكن الحصول على زمن البقاء لجزيئات المياه فى الغلاف الجوى بقسمة حجم المياه على معدل السريان كالآتى:

معدل السريان الكلى = 505000 + 72000 = 577000 كم3/ث

زمن البقاء = 12900 ÷ 57000 = 0.0224 سنة = 8.2 يوم

تمرين (2):

الجدول الآتى يبين السريان الداخل والخارج فى خزان مياه (بالمتر المكعب) للثلاث شهور الأولى من العام، فإذا كان التخزين فى بداية شهر يناير 60 متر^3 فاحسب التخزين فى نهاية شهرمارس.

Month	Jan	Feb	Mar
Inflow	4	6	9
Outflow	8	11	5

الحل:

التغير فى التخزين يمكن حسابه كالآتى:

التغير فى التخزين (ΔS) = السريان الداخل – السريان الخارج

= (4 + 6 + 9) – (8 + 11 + 5) = –5 متر^3

التخزين فى نهاية شهر مارس = 60 – 5 = 55 متر^3

أسئلة الفصل الأول

المقدمة

السؤال الأول:

قم بوصف الدورة الهيدرولوجية وعملياتها الرئيسية؟

السؤال الثانى:

اذا كانت الكمية الإجمالية للماء في الغلاف الجوي تساوى $12.9x10^3$ كم^3 فقم بتقدير عمق التساقط (الأمطار) إذا كان كل المياه بالغلاف الجوي تحولت بالكامل إلى تساقط (يمكنك الأخذ فى الاعتبار أن الأرض على هيئة كرة متوسط نصف قطرها 6,371 كم ومعادلة مساحة سطح الكرة هى $4\pi R^2$).

(الإجابة 25 مم)

السؤال الثالث:

إذا كان حوالي 577,000 كم^3 من المياه تسقط على سطح الأرض على هيئة أمطار كل عام فاحسب متوسط العمق السنوى للتساقط على سطح الأرض.

(الإجابة 1131 مم)

السؤال الرابع:

إذا كان حجم المياه في المحيطات يساوى $1338x10^6$ كم^3 والجريان من الأنهار 44.7 $x10^3$ كم^3/سنة والجريان من المياه الجوفية $2.2\ x10^3$ كم^3/سنة والتساقط على المحيط 1270 مم/سنة (مساحة المحيط $361.3\ x\ 10^6$ كم^2)، قم بتقدير زمن البقاء لجزيئات المياه فى المحيط (بالسنوات).

(الإجابة 2646 سنة)

السؤال الخامس:

إذا كان متوسط التساقط السنوى فى كلا من انكلترا وويلز يساوى 926.9 مم وأن الشخص يستهلك 150 لترا من المياه يوميا (بما في ذلك الزراعة والصناعة والتجارة...)، فإذا كان عدد سكانها 53,390,300 نسمة في انكلترا وويلز، وتبلغ مساحتها 58,368 ميل مربع، فما هي النسبة المئوية للتساقط التي تستخدم من قبل السكان؟

(الإجابة : 2.1%)

السؤال السادس:

إذا كان مساحة حوض التصريف خلال سنة معينة تساوى 2500 كم^2 ويستقبل تساقط مقداره 130 سم وكان متوسط معدل السريان في النهر الوافد من حوض التصريف يساوى 30 م^3/ ثانية، فأجب على الاتى؟

1) ما هو مقدار الجريان الذى وصل في النهر خلال السنة (بالمتر المكعب)؟

2) قدر الفاقد من المياه بسبب الآثار المجتمعة لكلا من التبخر – نتح والتسرب إلى المياه الجوفية (بالمتر المكعب)؟

3) ما هو مقدار التساقط الذى تحول إلى جريان فى النهر (بالنسبة المئوية)؟

(الإجابة : مقدار الجريان 946×10^6 متر^3 وكمية المياه المفقودة 2.3×10^9 متر^3 ومقدار التساقط المتحول إلى جريان 29%)

إجابة أسئلة الفصل الأول

المقدمة

إجابة السؤال الثاني:

مساحة سطح الأرض بمعلومية نصف قطرها ومعادلة مساحة سطح الكرة تحسب كالآتي:

$$A = 4\pi R^2 = 4\pi x 6371^2 = 510 x 10^6 \, km^2$$

ومن ثم متوسط عمق التساقط يحسب كالآتي:

$$\frac{(12.9 x 10^3 \, x 10^9)}{(510 x 10^6 \, x 10^6)} = 0.025 m = 25 mm$$

إجابة السؤال الثالث:

مساحة سطح الأرض هي كالآتي:

$$A = 510 x 10^6 \, km^2$$

المتوسط السنوي لعمق الأمطار يمكن حسابه بقسمة حجم المياه المتساقطة على مساحة سطح الأرض كالآتي:

$$\frac{(577 x 10^3 \, x 10^9)}{(510 x 10^6 \, x 10^6)} = 1.131 m = 1131 mm$$

أي أن المتوسط السنوي لعمق الأمطار يساوي 1131 مم.

إجابة السؤال الرابع:

زمن البقاء يمكن حسابه بقسمة حجم المياه في المحيطات على معدل التدفق كالآتي:

– حساب معدل التدفق بالسنين يمكن حسابه بجمع معدلات التدفق للجريان من الأنهار والمياه الجوفية والتساقط على المحيط كالآتي:

$$44.7 \times 10^3 + 2.2 \times 10^3 + 1270 / 1000 / 1000 \times 361.3 \times 10^6 = 505751 \, km^3 / year$$

– ومن ذلك فان زمن البقاء لجزيئات المياه في المحيط تحسب كالآتي:

$$\frac{1338 x 10^6}{505751} = 2646 \, years$$

إجابة السؤال الخامس:

كمية المياه المستهلكة للاستخدام الآدمى فى العام تحسب كالآتى:

Population x 150/1000 x 365 = $2.9 \times 10^9 \, m^3$

المساحة الكلية بالمتر المربع تحسب كالآتى:

$$58368 x 1609 x 1609 = 1.51 x 10^{11} \, m^2$$

كمية المياه المستهلكة بالعدد الكلى للسكان تحسب كالآتى:

$$\frac{2.9 x 10^9}{1.51 x 10^{11}} = 0.0192 m = 19.2 mm$$

وبذلك تكون النسبة المئوية للتساقط المستهلك كالآتى:

$$\frac{19.2}{926.9} = 0.0207 = 2.1\%$$

إجابة السؤال السادس:

1) الحجم الكلى للمياه الجارى خلال السنة يحسب كالآتى:

$$30 x 3600 x 24 x 365 = 946 x 10^6 \, m^3$$

2) التساقط الكلى على حوض التصريف يحسب كالآتى:

$$130 / 100 \times 2500 \times 10^6 = 3.25 \times 10^9 \, m^3$$

ومن ثم يكون الفاقد من المياه بسبب الآثار المجتمعة للتبخر والتبخر – نتح يحسب كالآتى:

$$3.25 x 10^9 - 946 x 10^6 = 2.3 x 10^9 \, m^3$$

3) النسبة المئوية للتساقط التى تحولت إلى جريان فى النهر تحسب كالآتى:

$$\frac{946 x 10^6}{3.251 x 10^9} = 0.29 = 29\%$$

الفصل الثانى
التساقط Precipitation

يعد التساقط جزءٌ من ماء الغلاف الجوى والذى ترجع نشأته إلى بخار الماء، يتواجد الماء فى الغلاف الجوى غالباً على هيئة بخار ماء والذى يتحول فى بعض الأماكن ولفترة وجيزة إلى سائل (مثل مياه الأمطار) أو يتحول إلى صورة صلبة (مثل الجليد وبلورات الثلج والبرد)، يوضح شكل (1) مثالاً للتساقط الثلجى على منطقة تبوك شمال غرب السعودية.

شكل(1) عاصفة تبوك الثلجية فى شمال غرب السعودية فى 2006/12/29م.
المصدر: http://vb.cools4u.com/showthread.php?t=31713

ماء الغلاف الجوى Atmosphere Water

تعد الشمس القوة الدافعة للدورة الهيدرولوجية وتتوالد الأمطار من بخار الماء الناشىء من الأرض والمحيطات بفعل أشعة الشمس حيث يكون بخار الماء أخف من الهواء نظراً لقلة كثافته مقارنة بكثافة الهواء وهنا يلاحظ انخفاض الضغط الجوى مع الرطوبة العالية حيث يكون أكثر عرضة للأمطار، وتعادل الطاقة اللازمة لتبخير المياه حوالى 2.5×10^6 جول/كجم وهى الحرارة الكامنة لتبخير المياه.

33

تمرين (1):

إذا هبت عاصفة بعمق 100 مم على منطقة مساحتها 100 كم^2 في حدود 2 ساعة. قم بتقدير الطاقة والقوة المنبعثة من العاصفة (بالجول والميجا وات).

الحل:

$$\frac{Volume}{Mass \quad of \quad water} = \frac{100}{1000x100x10^6} = 10x10^6\,m^3 = 10x10^9\,kg$$

$$Total \quad energy = 10x10^9\,kgx2.5x10^6\,J/kg = 25x10^{15}\,J$$

$$Power = \frac{Energy}{Duration} = \frac{25x10^{15}\,J}{(2x3600)s} = 3.5x10^{12}\,W = 3.5x10^6\,MW$$

أنواع التساقط Precipitation Types

ينشأ التساقط من مياه الغلاف الجوى، كما تعد الرطوبة ضرورية لحدوث التساقط ولكنها ليست شرطاً كافياً بل هناك عوامل أخرى تؤثر على التساقط أهمها الرياح والضغط الجوى ودرجة الحرارة والتضاريس، وهناك عمليتان يمكنهما أن تؤديا إلى حدوث التساقط وهما عملية تكون بلورات الثلج Ice crystal process حيث يعمل الهباء الجوى كأنوية تجمد لتكوين بلورات الثلج التى تنمو فى الحجم ثم تتساقط على الأرض وربما تذوب قبل وصولها إلى سطح الأرض، والعملية الثانية تشمل التلاحم بين قطرات السحب Coalescence process حيث يزداد حجمها بالإلتحام مع قطرات أخرى ويساعد النقل العمودى للكتل الهوائية على حدوث التساقط، وهناك ثلاث أنواع من التساقط يمكن ايجازها كالآتى:

(أ) تساقط حملى Convective precipitation

يتمدد الهواء الساخن بالقرب من سطح الأرض ويمتص مزيداً من رطوبة الماء ويتحرك لأعلى ويتكاثف نتيجة لانخفاض درجات الحرارة، ومن هنا يحدث التساقط الذى يتراوح بين التساقط الخفيف إلى العواصف الرعدية ذات الكثافة العالية (شكل 2).

شكل (2) صورة توضح تكون التساقط الحملي.

المصدر: http://www.nature.com/ngeo/journal/v4/n7/images_article/ngeo1192-f1.jpg

(ب) التساقط الجبلى Orographic precipitation

وتنتج هذه الأمطار عن اصطدام السحب وبخار الماء بالحواجز الطبيعية مثل السلاسل الجبلية حيث ترتفع السحب وبخار الماء إلى أعلى ويحدث تكاثف لبخار الماء ثم التساقط، وترتبط خصائص مثل هذه الأمطار بكمية بخار الماء التي تحملها الرياح بصورة دائمة (شكل 3).

(ج) التساقط الإعصارى Cyclonic precipitation

وفيه تعمل التدفئة المتفاوتة لسطح الأرض بواسطة الشمس على وجود مناطق الضغط المرتفع والمنخفض والعمل على تحريك الكتل الهوائية من مناطق الضغط المرتفع إلى مناطق الضغط المنخفض، وعندما تحل كتلة هوائية دافئة محل كتلة هوائية باردة تسمى الجبهة فى هذه الحالة بالجبهة الدافئة Warm front، أما إذا حلت كتلة هوائية باردة محل كتلة هوائية دافئة تسمى الجبهة فى هذه الحالة جبهة باردة Cold front (شكل 4).

شكل (3) صورة توضح ارتطام السحب بالجبال.

المصدر:

http://upload.wikimedia.org/wikipedia/commons/thumb/2/26/Banner_clou
ds.jpg/800px–Banner_clouds.jpg

شكل (4) صورة توضح سحابة جبهية.

المصدر:

http://farm4.staticflickr.com/3265/3085813308_b5edd360fe_z.jpg?zz=1

حجم وسرعة قطرة المطر Rain drop size and velocity

تعتبر قطرات المطر أجسام هابطة تتعرض للجاذبية والطفو وتأثير مقاومة الهواء وترتبط سرعة
هبوط قطرات المطر بمربع قطر قطرة المطر حيث تسقط أكبر القطرات أسرع ويكون لها القدرة

على جمع المزيد من المياه خلال هبوطها إلى سطح الأرض، ومع ذلك تميل قطرات المطر إلى الإنقسام إلى قطرات أصغر إذا كانت القطرات كبيرة جداً ذات قطر يتراوح بين 6 إلى 7 مم، ويعبر عن ميزانية القوة لقطرة المطر بالعلاقة الآتية:

Drag Force = Gravity force − Buoyancy

$$F_d = F_g - F_b$$

ومن ميكانيكا الموائع نجد ان

$$C_d \rho_a D^2 \left(\frac{\pi}{4}\right) \frac{V^2}{2} = \rho_w g \left(\frac{\pi}{6}\right) D^3 - \rho_a g \left(\frac{\pi}{6}\right) D^3 \tag{1}$$

حيث:

ρ_w : كثافة الماء

ρ_a : كثافة الهواء (يفترض انها تساوى 1000 كجم/متر^3 و 1.2 كجم/متر^3 عند مستوى سطح البحر)

C_d : معامل الشد drag coefficient كما هو مبين بجدول (1)

D : قطر قطرة المطر

g : عجلة الجاذبية الأرضية

V : سرعة قطرة المطر

جدول (1) معامل الشد (Chow et al, 1988)

D	0.2	0.4	0.6	0.8	1.0	2.0	3.0	4.0	5.0
C_d	4.2	1.66	1.07	0.815	0.671	0.517	0.503	0.559	0.66

D: قطر قطرة المطر ، C_d: معامل الشد

يمكن اشتقاق السرعة النهائية لقطرة المطر Typical rain drop velocity كالآتى:

$$V = \sqrt{\frac{4gD}{3C_d}\left(\frac{\rho_w}{\rho_a} - 1\right)} \tag{2}$$

ويبين الشكل (5) العلاقة بين حجم قطرة المطر وسرعتها.

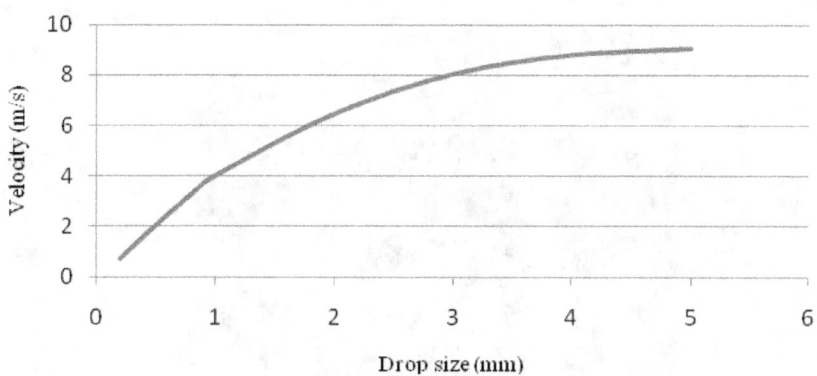

شكل (5) السرعة النهائية لقطرة المطر عند مستوى سطح البحر.

بيانات التساقط Precipitation data

يتم تسجيل بيانات التساقط عند مواقع محددة بواسطة عدادات لقياس المطر rain gauges وتستخدم هذه البيانات لتقدير التباين الإقليمى للأمطار والثلوج ويتم تسجيل هذه البيانات فى العادة بالمم/ساعة أو بالمم/يوم أو بوحدات أخرى، ويبين الشكل (6) نموذج لعداد قياس المطر، ويبين شكل (7) شبكة من عدادات قياس المطر فى حوض برو بالمملكة المتحدة[1].

منحنى الكتلة المزدوج Double Mass Curve

يتم التحقق من جودة بيانات التساقط فى العادة باستخدام منحنى الكتلة المزدوج حيث يتم رسم مخطط بيانى كالمبين بشكل (8) بين عداد مطر والعدادات الأخرى المحيطة كالمثال الموضح بجدول (2).

---

[1] راجع عدادات قياس المطر بالفصل الثامن.

شكل (6) عداد لقياس المطر في المملكة المتحدة.

Brue catchment, SW England, UK

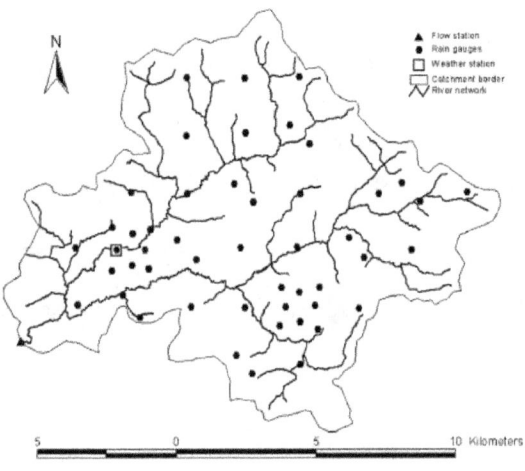

شكل (7) شبكة من عدادات قياس المطر في حوض برو بالمملكة المتحدة

جدول (2) قياسات المطر لعداد (X) وعشرون عداد اخر.

Year	Gauge X	20 gauge average	Year	Gauge X	20 gauge average
2002	188	264	1984	223	360
2001	185	228	1983	173	234

2000	310	386		1982	282	333
1999	295	297		1981	218	236
1998	208	284		1980	246	251
1997	287	350		1979	284	284
1996	183	236		1978	493	361
1995	304	371		1977	320	282
1994	228	234		1976	274	252
1993	216	290		1975	322	274
1992	224	282		1974	437	302
1991	203	246		1973	389	350
1990	284	264		1972	305	228
1989	295	332		1971	320	312
1988	206	231		1970	328	284
1987	269	234		1969	308	315
1986	214	231		1968	302	280
1985	284	312		1967	414	343

ويهدف استخدام منحنى الكتلة المزدوج للآتى:

(1) فحص مدى اتساق بيانات العداد X.

(2) تحديد متى يتم حدوث تغيير في النظام الخاص بالتساقط.

(3) مناقشة الأسباب المحتملة لحدوث مثل هذا التغير.

(4) ضبط البيانات وتحديد ما يؤدى إليه هذا الفارق فى المتوسط السنوى لبيانات التساقط لستة وثلاثين عام عند عداد قياس المطر X.

ومن خلال منحنى الكتلة المزدوج المبين بشكل (8) يمكن ملاحظة عدم اتساق بيانات عداد قياس المطر رقم (X) وأن هناك تغير فى النظام عند عام 1981، يمكن أن يكون هذا التغير راجعاً لتغير موقع العداد أو الأشجار النامية وما إلى ذلك من الأسباب المحتملة، ومن خلال هذا المنحنى وإذا كانت بيانات الفترة المبكرة هى الصحيحة فإن النسبة بين متوسط بيانات العداد X إلى متوسط بيانات العدادات الأخرى (1967–1981) يكون كالآتى:

$$\frac{\text{Gauge X average}}{\text{Other Gauge Average}} = \frac{330.7}{290.3} = 1.139$$

ومن ثم فإن النسبة فى الجزء الثانى من المنحنى أى خلال الفترة 1982 إلى 2002 يكون كالآتى:

$$\frac{\text{Gauge X average}}{\text{Other Gauge Average}} = \frac{241.0}{285.67} = 0.8436$$

ومن هنا نستنتج نسبة التصحيح كالآتى:

$$\frac{1.139}{0.8436} = 1.35$$

أى أن المتوسط القديم لبيانات العداد (X) كان 278.4 مم والمتوسط المصحح لبيانات العداد هو 327.6 مم.

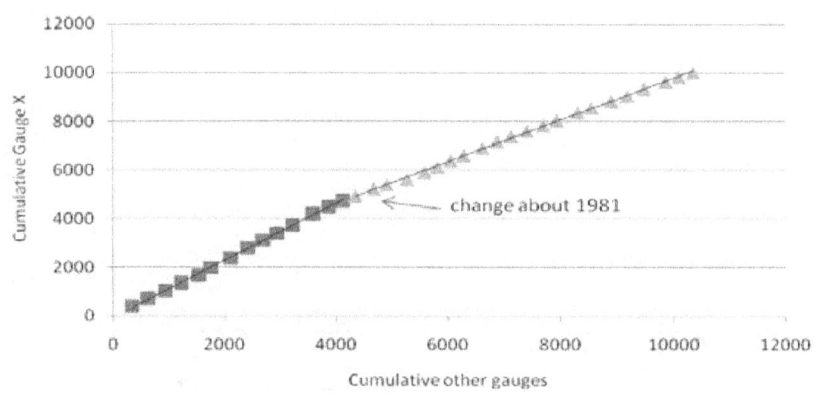

شكل (8) منحنى الكتلة المزدوج.

التقدير المكانى للمطر Areal Rainfall

إنه لمن المهم أن يكون لدينا معلومات دقيقة عن الأمطار الساقطة على أحواض التصريف بغرض التقييم الهيدرولوجى، ومع ذلك تتفاوت الأمطار مكانياً وتعتبر إقامة شبكة كاملة من عدادات قياس المطر لتغطى جميع أحواض التصريف عملية مكلفة للغاية ونتيجة لذلك يتم

41

تثبيت عدد محدود من هذه العدادات فى أماكن محددة قد يكون بينها فجوات واسعة، ولتقييم التساقط على أحواض التصريف يتم تحديد متوسط التساقط على الحوض بغرض تقدير إجمالى التساقط باستخدام الطرق الآتية.

(أ) طريقة المتوسط الحسابى Arithmetic Mean Method

تعتبر هذه الطريقة بسيطة ويمكن استخدامها عندما يكون توزيع عدادات قياس المطر موزعة بصورة منتظمة على الحوض وفيها يتم حساب متوسط التساقط بأخذ المتوسط الحسابي للمحطات المتوفرة في الحوض كما هو مبين بالمعادلة (3).

$$\bar{R} = \frac{1}{n} \sum_{i=1}^{n} R_i \qquad (3)$$

حيث:

$\bar{R}$: متوسط التساقط على الحوض

n : عدد عدادات قياس المطر

i : رقم عداد قياس المطر

R_i : قيمة التساقط عند العداد i

(ب) طريقة مضلعات تايسين Thiessen Polygon Method

تفترض هذه الطريقة أن التساقط عند أى نقطة من حوض التصريف تكون مساوية لقيمة التساقط لأقرب عداد قياس مطر لذلك يتم تطبيق عمق المطر المسجل عند أى عداد لمسافة تعادل نصف المسافة للعداد التالى فى أى اتجاه كما هو مبين بالشكل (9).

وفى هذه الطريقة يتم تحديد الوزن النسبى لكل عداد من المنطقة المقابلة فإذا كانت مساحة المنطقة المخصصة لكل عداد معبراً عنها بالرمز A_i ومقدار التساقط عند تلك النقطة بالرمز R_i فإن المتوسط الكلى للتساقط لحوض التصريف يحسب كالآتى:

$$\bar{R} = \frac{1}{A} \sum_{i=1}^{n} A_i R_i \qquad (4)$$

حيث:

$\bar{R}$: متوسط التساقط على الحوض

n : عدد عدادات قياس المطر

i : رقم عداد قياس المطر

R_i : قيمة التساقط عند العداد i

A_i : مساحة المنطقة الخاصة بالعداد رقم i

A : المساحة الكلية للحوض

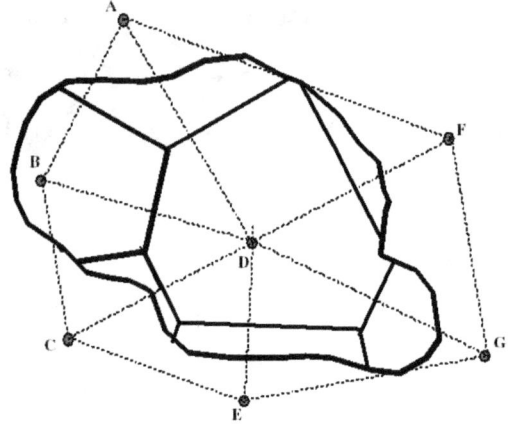

شكل (9) مضلعات تايسين

تعتبر طريقة مضلعات تيسين هى الأكثر شيوعاً وتستخدم فى المشاكل الهندسية العملية ويمكن رسم مضلعات تيسين يدوياً أو بالاستعانة ببرامج الحاسب الآلى مثل برنامج ARCView والبرامج الحسابية الأخرى، ومع ذلك فإن هذه الطريقة لا تأخذ فى الاعتبار التغير التدريجى بين عدادات قياس المطر وتتجاهل تأثير التضاريس على عملية التساقط.

تمرين (2)

ارسم مضلعات تيسين على الحوض المبين بشكل (10)، إذا كان عمق المطر المسجل عند العدادات A و B و C هي 10 و 8 و 9 مم على التوالى وأن مساحة المضلعات هى 5.1 و 3.2 و 5.3 كم^2 فاحسب متوسط عمق المطر بالحوض.

شكل (10) حوض تصريف ذو ثلاث عدادات لقياس المطر.

الحل:

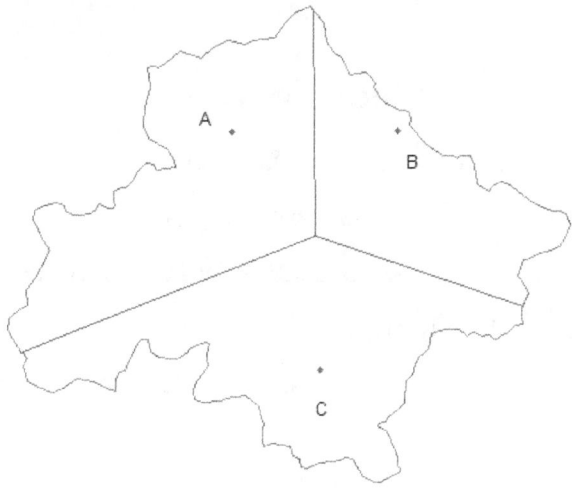

المساحة الكلية للحوض تحسب كالآتي:

$$Total \quad area = 5.1 + 3.2 + 5.3 = 13.6km^2$$

متوسط عمق المطر بالحوض يحسب باستخدام طريقة مضلعات تيسين كالآتي:

$$\overline{R} = \frac{(10x5.1) + (8x3.2) + (9x5.3)}{13.6} = 9.1mm$$

(ج) طريقة خطوط تساوى المطر **Isohyetal Method**

تستخدم هـذه الطريقـة خطـوط تساوى المطر والتى يمكن الحصول عليهـا مـن خـلال توصيل خطوط الكنتور بين العدادات المجاورة (شكل 11)، وبمجرد إنشاء خريطة خطوط تساوى المطر يتم ضرب المساحة المحصورة بين كل خطى مطر فى متوسط عمق المطر للخطين وبذلك يمكن حساب متوسط عمق المطر على كافة الحوض من قيمة المتوسط الوزني.

وتعتبر طريقة خطوط تساوى المطر طريقة مرنة ولكنها تحتاج إلى شبكة كثيفة مـن عدادات قياس المطر لإنشاء خريطة خطوط تساوى المطر بشكل صحيح للعواصف المعقدة. وتعتبر هـذه الطريقة مفيدة لعرض الأشكال التوضيحية لتوزيع مياه الأمطار ولكنها تعتبر أقل شيوعاً فى التطبيقات الهندسية.

يبين شكل (12) خريطة خطوط تساوى المطر فوق حوض وادى يلملم بمنطقة مكة المكرمة غرب المملكة العربية السعودية والذى يبين التفاوت فى توزيع الأمطار فوق الحوض.

(د) الإحصاء الجيولوجى **Geostatistics**

حيث لا تصلح الطرق التقليدية لتقدير عـدم اليقين للنتائج Uncertainty يتم استخدام طرق الإحصاء الجيولوجى للحصول على أفضل التقديرات وتقدير الخطأ المحتمل حيث تعتبر المعلومات عن عـدم اليقين مفيدة لإتخاذ القرارت مثل إضافة عدادات قياس مطر إضافية إذا كان هناك درجة كبيرة من عدم اليقين وتعتبر طريقة Kriging الطريقة النموذجية لمثل هذه التقديرات الاحصائية ولمعرفة المزيد عـن هـذه الطريقة يمكـن الرجـوع إلى ويكيبيـديا باستخدام الانترنت.

45

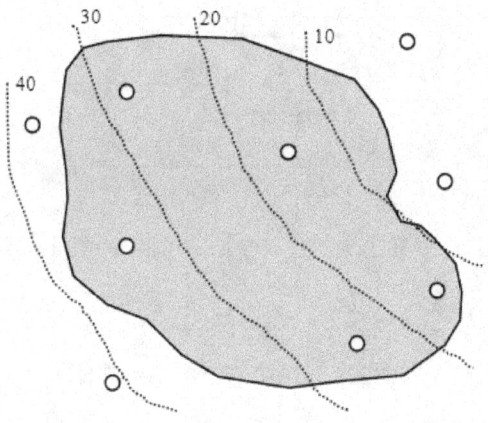

شكل (11) خطوط تساوى المطر.

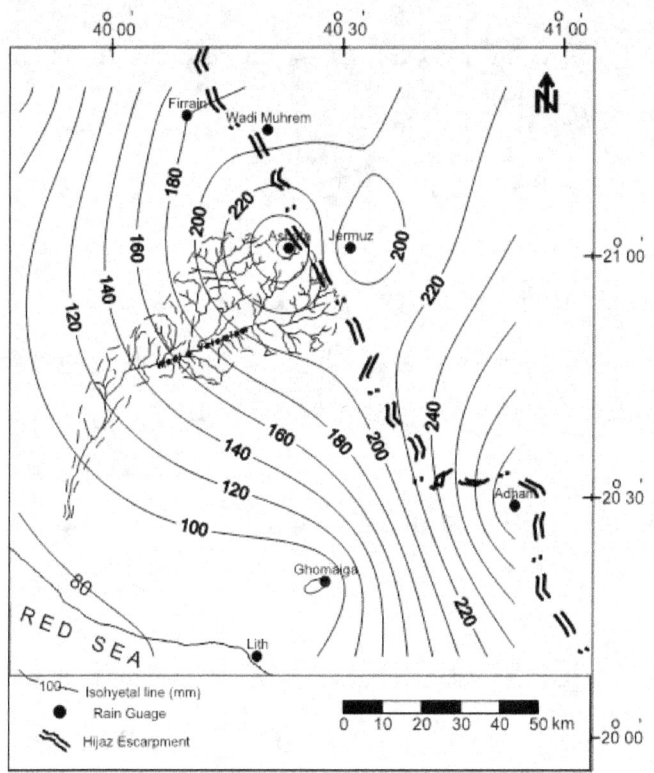

شكل (12) خطوط تساوى المطر فوق حوض وادى يلملم بمنطقة مكة المكرمة غرب المملكة العربية
السعودية.

(المصدر: Bayumi 2008)

46

أسئلة الفصل الثانى

التساقط

السؤال الأول:

إذا كان إجمالي المياه في الغلاف الجوي يساوى $12.9x10^3$ كم^3، فاحسب الطاقة المتحررة إذا تم تحويل بخار الماء فى الغلاف الجوى إلى مياه أمطار، وما هو الوقت المطلوب إذا تم استخدام كافة الإشعاع الشمسى على سطح الأرض لتجديد بخار الماء (الطاقة الشمسية السنوية على الأرض تساوى $3.85x10^{24}$ جول)؟

(الإجابة : $32x10^{21}$ جول و 2.9 يوم)

السؤال الثانى:

ما هي السرعة النهائية لسقوط أمطار خفيفة ذات حجم قطرات يساوى 0.6 مم عند مستوى سطح البحر ($Cd=1.07$ و $\rho_a = 1.2$ كجم/متر^3 و $\rho_w = 1000$ كجم/متر^3)؟ إذا انخفضت كثافة الهواء بنسبة 50% عند 5 كم فى السماء فهل ستهبط نفس القطرة أسرع أم أبطأ؟ احسب سرعة القطرة عند هذا الإرتفاع (بإفتراض تغير طفيف فى كلاً من عجلة الجاذبية الأرضية وكثافة الماء ومعامل الشد)، إذا تم كشف هذه القطرة بواسطة رادار الطقس عند إرتفاع 5 كم من الأرض عند سطح البحر، احسب بالتقريب زمن الإنتقال لهذه القطرة لتهبط على الأرض (إستخدم متوسط السرعتين وافترض عدم وجود تيارات صاعدة أو هابطة بالهواء).

(الإجابة : 2.47 متر/ث و 3.50 متر/ث و 28 دقيقة)

السؤال الثالث:

ارسم مضلعات تايسن على حوض التصريف المبين أدناه، وإذا كان عمق مياه الأمطار التي تم تسجيلها بالعدادات A و B و C هي 10 و 8 و 7 مم على التوالى ومساحة المناطق المقابلة لها هى 2.1 و 9.1 و 2.4 كم^2، فاحسب متوسط عمق المطر بحوض التصريف والحجم الكلى للمياه من هذه العاصفة المطرية.

السؤال الرابع:

على مدار فترة زمنية 30 سنة خلال الأعوام 1971 إلى 2000 تم جمع سجلات بيانات التساقط يومياً، وتم تفقد الموقع X في عام 1985 وعثر على شجرة صفصاف كبيرة مظللة بكثافة للعداد، وقد تم قطع هذه الشجرة في نفس العام وقد وجد أن بيانات هذا العداد لها أهمية كبيرة في دراسة تالية خاصة بالخزان وتم التفكير في وسيلة لفحص وتصحيح البيانات، استخدم منحنى الكتلة المزدوج لإجراء العمليات الآتية وبالإستعانة بالبيانات في الجدول المرفق.

أ) حدد التاريخ التقريبي على أول دليل ذو أهمية لتظليل العداد X.

ب) هل قطع الشجرة أدى إلى حل مشكلة الظل على العداد.

ج) قيم نسبة التصحيح التي يمكن استخدامها لضبط القيم غير الصحيحة. (استخدام ورقة رسم بياني أو برنامج الاكسيل في حل المسألة)

Year	Gauge X	Other gauge average	Year	Gauge X	Other gauge average
1971	700	510	1986	640	620
1972	550	520	1987	720	360
1973	480	490	1988	510	690
1974	810	620	1989	880	600
1975	430	640	1990	590	580
1976	910	610	1991	710	470
1977	440	550	1992	560	720

1978	890	1110		*1993*	770	640
1979	470	680		*1994*	780	660
1980	300	640		*1995*	770	540
1981	420	620		*1996*	790	850
1982	430	770		*1997*	680	630
1983	350	800		*1998*	340	330
1984	330	710		*1999*	590	510
1985	880	730		*2000*	340	340

(الإجابة : 1978 و نعم و نسبة التصحيح 1.88)

إجابة أسئلة الفصل الثانى

التساقط

إجابة السؤال الأول:

الكتلة الكلية بالكجم تحسب كالآتى:

$$12.9x10^3 x10^9 x1000 = 12.9x10^{15} kg$$

الطاقة الكلية بالجول تحسب كالآتى:

$$12.9x10^{15} x2.5x10^6 = 32x10^{21} J$$

لتحديد بخار الماء (حوالي 25 مم من المياه) من الأشعة الشمسية فإن الزمن المطلوب يمكن حسابه كالآتى:

$$\frac{32x10^{21}}{3.84x10^{24}} = 0.008 year = 2.9 days$$

السؤال الثانى:

السرعة النهائية لقطرة مياه قطرها 0.6 مم تحسب كالآتى:

$$V = \sqrt{\frac{4gD}{3C_d}\left(\frac{\rho_w}{\rho_a} - 1\right)} = \sqrt{\frac{4gx0.6/1000}{3x1.07}\left(\frac{1000}{1.2} - 1\right)} = 2.47 m/s$$

عند الارتفاعات العالية يكون الهواء أخف ومن ثم أقل مقاومة وطفو.

$$V = \sqrt{\frac{4gD}{3C_d}\left(\frac{\rho_w}{\rho_a} - 1\right)} = \sqrt{\frac{4gx0.6/1000}{3x1.07}\left(\frac{1000}{1.2/2} - 1\right)} = 3.50 m/s$$

ومن ذلك تكون السرعة المتوسطة كالآتى:

$$The \quad average \quad veolcity = \frac{2.47 + 3.5}{2} = 2.99 m/s$$

ومن ثم يكون زمن الانتقال بالدقائق كالآتي:

$$The \quad travel \quad time = \frac{5000}{2.99/60} = 28 \min utes$$

إجابة السؤال الثالث:

المساحة الكلية للحوض تحسب كالآتي:

$$Total \quad area = (2.1 + 9.1 + 2.4) = 13.6 km^2$$

متوسط عمق المطر بالحوض يمكن حسابة كالآتي:

$$\overline{R} = \frac{(10x2.1) + (8x9.1) + (9x2.4)}{13.6} = 8.5mm$$

وبذلك يكون الحجم الكلى للمياه الناتج من هذه العاصفة المطرية كالآتي:

$$\frac{13.6x10^6 \, x8.5}{1000} = 115.6x10^3 \, m^3$$

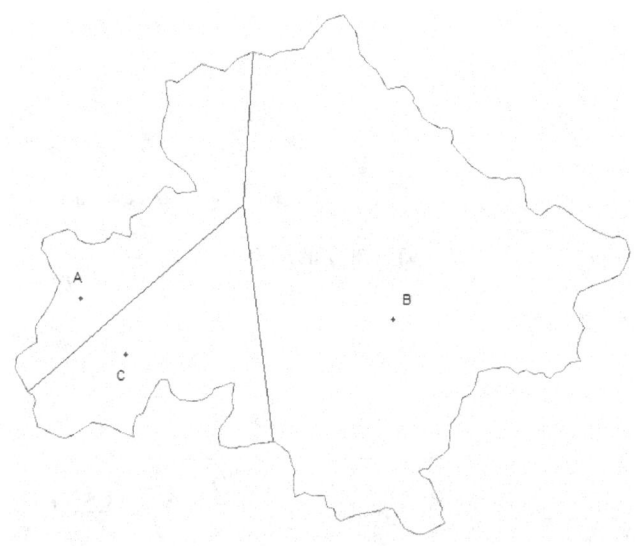

إجابة السؤال الرابع:

من منحنى الكتلة المزدوج يمكن ملاحظة أن الفترة الزمنية من 1978 إلى 1984 لها ميول مختلفة ومن ثم يتضح أن تأثير الشجرة بدأ منذ عام 1978 وأن عملية قطع الشجرة قد أدى إلى حل مشكلة عداد المطر.

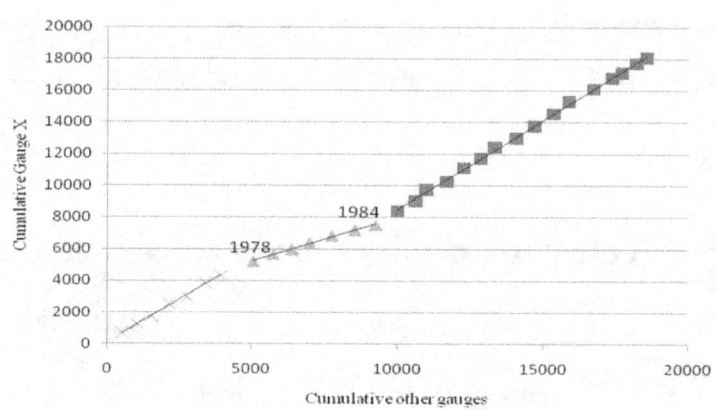

ولتصحيح البيانات خلال الفترة 1978 إلى 1984 نجد أن نسبة العداد (X) إلى العدادات الأخرى خلال تلك الفترة كالآتى:

$$\frac{Gauge \quad X \quad average}{Other \quad gauge \quad average} = \frac{455.7}{761} = 0.598$$

النسبة فى السنوات الأخرى كالآتى:

$$\frac{Gauge \quad X \quad average}{Other \quad gauge \quad average} = \frac{646.5}{574.0} = 1.126$$

ومن ثم تكون نسبة التصحيح كالآتى:

$$Correction \quad ratio = \frac{1.126}{0.598} = 1.88$$

الفصل الثالث

التبخر والتبخر – نتح Evaporation and Evapotranspiration

يعتبر التبخر جزءً أساسياً من الدورة الهيدرولوجية ويقصد به عملية تبخير الماء السائل، وتعمل الطاقة الشمسية على تبخير المياه من المحيطات والبحيرات ورطوبة التربة وغيرها من مصادر المياه، وتنقسم طرق تقدير التبخر فى علم الهيدرولوجيا إلى قسمين هما التبخر من سطح المياه المفتوحة والتبخر من الأرض.

المصطلحات الأساسية Relevant Basic Terms

(أ) التدفق Flux

يقصد بالتدفق معدل السريان مقسوماً على المساحة أى معدل السريان فى وحدة المساحة كالآتى:

$$Flux = \frac{Flow \quad rate}{Area} \tag{1}$$

(ب) الانبعاث الإشعاعى Radiation emission

ينبعث الإشعاع باستمرار من كل الأجسام بمعدلات مرتبطة بدرجات حرارة أجسامها.

$$R_e = \varepsilon\sigma(T + 273.15)^4 \tag{2}$$

حيث:

R_e : فيض الطاقة المنبعثة (وات/متر^2)

ε : انبعاثية السطح

σ : ثابت ستيفان-بولتزمان Stefan-Boltzmann ($5.67x10^{-3}$ وات/متر^2. كلفن^4)

T : درجة حرارة السطح بالدرجات المئوية.

فى حالة الأجسام جيدة الإشعاع (مثل الأجسام السوداء) فإن الانبعاثية تكون $\varepsilon = 1$ و للماء = 0.98 و للرمال = 0.9 و للتربة = 0.9~0.98.

تمرين (1):

قم بتقدير الإشعاع من جسم بشرى إذا كانت مساحة سطح الجسم 2 متر^2 ودرجة حرارته 33 درجة مئوية والانبعاثية =1.

الحل:

$$P_{emit} = AR_e$$

حيث:

Pemit: الطاقة المنبعثة من الجسم

A: مساحة سطح الجسم

Re: فيض الطاقة المنبعثة من الجسم

$$P_{emit} = AR_e = 2x5.67x10^{-8}(273.15 + 33)^4 = 996W$$

الإشعاع الكلى (فى درجة حرارة 20 درجة مئوية) يحسب كالآتى:

$$P_{emit} - P_i = A[R_e - R_i]$$

حيث:

Pi: كمية الطاقة الممتصة من خلال الوسط المحيط

Ri: فيض الطاقة الممتصة عن طريق الوسط المحيط

$$P_{emit} - P_i = A[R_e - R_i]$$
$$= 2x5.67x10^{-8}[(273.15 + 33)^4 - (273.15 + 20)^4] = 158W$$

(ج) الإشعاع الكلى Net radiation

عندما يصطدم الإشعاع بسطح فإنه ينعكس جزئياً ويمتص جزئياً ويسمى الجزء المنعكس بإنعكاسية السطح albedo ويرمز له بالرمز α حيث ($0 \leq \alpha \leq 1$)، وتمتص المياه العميقة معظم الأشعة الساقطة حيث تكون الإنعكاسية تساوى 0.06 تقريباً بينما تصل الإنعكاسية فى حالة الثلج إلى حوالى 0.9، يعرف الفيض الإشعاعى الكلى، ويرمز له بالرمز R_n بأنه الفرق بين الإشعاع الممتص والإشعاع المنبعث (معادلة 3).

$$R_n = R_i(1-\alpha) - R_e \qquad (3)$$

54

حيث:

R_n : الفيض الإشعاعى الكلى

R_i : فيض الطاقة الممتصة عن طريق الوسط المحيط

R_e : فيض الطاقة المنبعثة من الجسم

α : إنعكاسية السطح

المعادلة (3) يمكن تطبيقها على كلا من الإشعاعات ذات الموجات القصيرة والطويلة.

(د) الضغط البخارى والرطوبة النسبية Vapour pressure and relative humidity

يقصد بضغط بخار الماء (e) الضغط الجزئى الذى ساهم به بخار الماء ويطلق عليه ضغط البخار المشبع (e_s) عندما يكون الضغط فى حالة توازن، ويمكن حساب الرطوبة النسبية كالآتى:

$$R_h = \frac{e}{e_s} \qquad (4)$$

حيث:

R_h: الرطوبة النسبية

e: ضغط بخار الماء

e_s: ضغط بخار الماء المشبع

يتناسب ضغط البخار المشبع مع درجة حرارة الجو بالعلاقة الاتية:

$$e_s = 611 \exp\left(\frac{17.27T}{T + 237.3}\right) \qquad (5)$$

حيث:

e_s : ضغط البخار المشبع بالباسكال (نيوتن/متر^2)

T : درجة الحرارة بالدرجات المئوية.

يمكن حساب ميل منحنى ضغط البخار المشبع (Δ) عند درجة حرارة الجو (T) كالآتى:

$$\Delta = \frac{de_s}{dT} = \frac{4098e_s}{(T + 237.3)^2} \qquad (6)$$

حيث:

de_s: التغير فى الضغط البخارى المشبع

dT: التغير فى درجة الحرارة

e_s: ضغط البخار المشبع

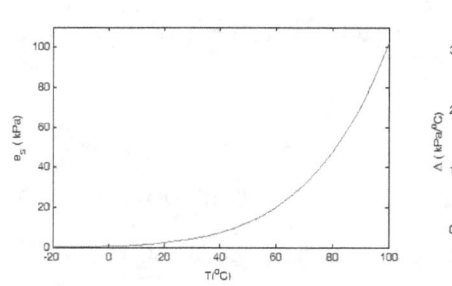

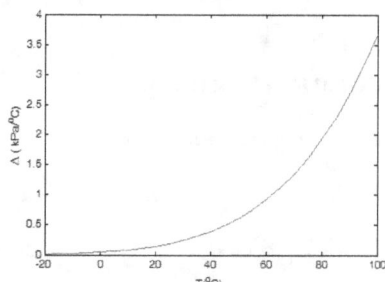

شكل (1) ضغط بخار الماء المشبع (e_s) وميله Δ مع درجة الحرارة.

(هـ) الحرارة المحسوسة Sensible heat

يقصد بالحرارة المحسوسة كمية الحرارة التى تحدث فرقاً فى درجة حرارة المادة دون حدوث تغير فى حالتها وهى مسئولة عن التغير فى درجة حرارة الماء السائل ويعبر عنها بالعلاقة الاتية:

$$\Delta e_u = C_p \Delta T \qquad (7)$$

حيث:

Δe_u : الحرارة المحسوسة (جول/كجم)

ΔT : التغير فى درجة الحرارة

C_p : الحرارة النوعية (الحرارة النوعية للماء تساوى 4186 جول/كجم درجة مئوية و للهواء 1005 جول/كجم درجة مئوية)

(و) الحرارة الكامنة Latent heat

يقصد بالحرارة الكامنة كمية الحرارة اللازمة لتحويل المادة من حالة إلى أخرى لكل واحد كيلوجرام من المادة، وهى تستخدم لتبخير الماء السائل إلى بخار الماء وهى تتفاوت قليلاً مع

درجة الحرارة (التبخير تحت درجة حرارة عالية يحتاج إلى طاقة أقل) ويعبر عنها بالعلاقة الآتية:

$$l_v = 2.5x10^6 - 2370T(J / kg)$$ (8)

حيث:

l_v: درجة الحرارة بالدرجات المئوية.

T: درجة الحرارة بالدرجات المئوية.

التبخر من الأسطح المائية المفتوحة

Evaporation from Open Water Surface

يتأثر التبخر من الأسطح المائية المفتوحة بعاملين هما مدخلات الطاقة energy input ونقل البخار vapour transport حيث تقوم الطاقة (الطاقة الشمسية في المقام الأول) بتوفير الحرارة الكامنة للتبخير بينما تساعد عملية النقل فى نقل البخار بعيدا عن سطح الماء.

(أ) طريقة توازن الطاقة Energy balance method

تستخدم هذه الطريقة مدخلات الطاقة مثل الطاقة الشمسية على سبيل المثال لتبخير الماء السائل وتسخين الماء والتربة التى تسفلها وإذا كان نقل البخار كافياً فإن معدل التبخر يكون كالآتى:

$$E_r = \frac{1}{l_v \rho_w}(R_n - H_s - G)$$ (9)

حيث:

E_r: معدل التبخر (متر/ث)

H_s: تدفق الحرارة المحسوسة (وات/متر^2 لتغيير درجة حرارة التربة التى تسفلها)

R_n: التدفق الإشعاع الكلى (وات/متر^2)

l_v: الحرارة الكامنة للتبخير (جول/كجم)

ρ_w: كثافة الماء (كجم/متر^3)

G: تدفق الحرارة من الأرض

تمرين (2)

قم بتقدير معدل التبخر (بالمم/يوم) من السطوح المائية المفتوحة بناءً على طريقة توازن الطاقة

باعتبار الإشعاع الكلي 1000 وات/متر^2 ودرجة حرارة الهواء 20 درجة مئوية وبإفتراض عدم وجود حرارة محسوسة أو تدفق حرارة الأرض وأن كثافة الماء 1000 كجم/متر^3.

الحل:

الحرارة الكامنة عند درجة 20 درجة مئوية يمكن حسابها كالآتي:

$$l_v = 2.5x10^6 - 2370x20 = 2.45x10^6 \, J/kg$$

ومن ثم يمكن حساب معدل التبخر كالآتي:

$$E_r = \frac{1}{2.45x10^6 x10^3}(1000 - 0 - 0) = 4.08x10^{-7} \, m/s = 35mm/day$$

(ب) الطريقة الهواء– ديناميكية Aerodynamic method

يعتبر انتقال البخار مهماً بالإضافة إلى الطاقة وتتحكم رطوبة الهواء والرياح قرب السطح في معدل نقل البخار، ولا توجد صيغة عامة لتقدير التبخر ولكن هناك عدة صيغ تعتمد على إفتراضات مختلفة أكثرها استخداماً الصيغة التالية:

$$E_a = Du_2(e_{os} - e_{2a}/P) \qquad (10)$$

حيث:

D: معامل مرتبط بكثافة بخار الماء والهواء وثابت فون كارمان von Karman constant (Chow et al, 1998)

u_2: سرعة الرياح على ارتفاع 2 متر

p: ضغط الهواء

e_{os}: ضغط البخار المشبع عند درجة حرارة سطح الماء

e_{2a}: ضغط البخار الفعلي للهواء عند ارتفاع 2 متر

يطلق على $(e_{os} - e_{2a})$ الانحراف في الضغط البخاري كما يمكن ملاحظة أن التبخر يتزايد بزيادة سرعة الرياح والانحراف في الضغط البخاري ويتناقص بتناقص ضغط الهواء، ومن الناحية العملية يمكن استخدام علاقة مشتقة بواسطة ليك هيفنر Lake Hefner لتقدير التبخر من بحيرة كالآتي:

$$E_{a_Hefner} = \frac{0.00291}{A^{0.05}} u_2 \left(e_{os} - e_{2a}\right) \qquad (11)$$

حيث:

E_{a_Hefner} : معدل التبخر (مم/يوم) اعتماداً على دراسة هيفنر

A : مساحة سطح الماء

e_{os} و e_{2a} : ضغط البخار المشبع وضغط البخار الفعلى (باسكال) كما فى معادلة (10)

u_2 : سرعة الرياح على ارتفاع 2 متر (متر/ثانية)

وهناك عديد من العلاقات لتقدير التبخر يمكن ايجادها بالرجوع إلى Viessman and Lewis (1996).

(ج) الطريقة المركبة Combined method

يمكن استخدام طريقة توازن الطاقة عندما عندما لا يكون الانتقال عاملاً محددا بينما تستخدم الطريقة الهواء-ديناميكية عندما يكون الامداد بالطاقة عاملاً غير محدداً وفى الواقع قد يكون كلا العاملين محدداً، و فى هذه الحالة ينبغى استخدام الطريقة المركبة وتسمى بطريقة بنمان المعدلة كالآتى:

$$E = \frac{\Delta}{\Delta + \gamma} E_r + \frac{\gamma}{\Delta + \gamma} E_a = \frac{\Delta E_r + \gamma E_a}{\Delta + \gamma} \qquad (12)$$

حيث:

γ : الثابت الرطوبى psychrometric (وهو يمثل التوازن بين الحرارة المحسوسة المتحصل عليها من تدفق الهواء العابرة من خلال ثيرموميتر wet bulb والحرارة المحسوسة المتحولة إلى حرارة كامنة).

Δ : هى ميل منحنى ضغط البخار المشبع عند درجة حرارة الجو (انظر معادلة (6)).

E_r : معدل التبخر (متر/ث)

E_a : ضغط البخار الفعلى

ويمكن اشتقاق الثابت الرطوبى كالآتى:

$$\gamma = \frac{C_p P}{0.622 l_v} \qquad (13)$$

حيث:

γ : الثابت الرطوبي (باسكال/درجة مئوية)

C_p : الحرارة النوعية للهواء (1005 جول/كجم درجة مئوية)

l_v : الحرارة الكامنة للماء

p : الضغط الجوى الناتج من الارتفاع فوق سطح البحر والذى يمكن تقديره من العلاقة الاتية:

$$p = 101.3 \left(\frac{293 - 0.0065z}{293} \right)^{5.26} \qquad (14)$$

حيث:

p : الضغط الجوى (كيلو باسكال)

z : الارتفاع فوق سطح البحر (متر)

التبخر – نتح من الأرض Evapotranspiration from Land

يعتبر التبخر – نتح من الأرض مزيجاً من التبخر من سطح التربة والنتح من النباتات، وبالاضافة إلى الطاقة وانتقال المياه تعتبر اتاحة المياه فى التربة مهمة أيضاً حيث تكون عاملاً محدداً، ويصل التبخر – نتح إلى أقصاه ويسمى فى هذه الحالة التبخر – نتح الجهدى Potential evapotranspiration. وفى الممارسات العملية يتم حساب قيمة التبخر – نتح الجهدى فى محطة المناخ المحلية باستخدام سطح مرجعى مثل عشب قصير (FAO, 1998) ويسمى التبخر فى هذه الحالة بالتبخر – نتح المرجعى Reference evapotranspiration ويمكن تحويلها إلى تبخر – نتح جهدى بضرب هذه القيمة فى معامل السطح والذى يسمى بمعامل المحصول Crop coefficient، وعندما تجف التربة ينخفض معدل التبخر – نتح إلى أقل من معدل التبخر – نتح الجهدى.

وحدث تطوير للطريقة المركبة سالفة الذكر من قبل عديد من الباحثين لتشمل الأسطح المزروعة وذلك بإدخال عوامل المقاومة Resistance factors والتبخر – نتح

المرجعى اليومى الموصى به من قبل منظمة الاغذية والزراعة بناءً على معادلة بنمان–مونتيث
Penman–Monteith كالآتى (Allen et al 1998):

$$ET_0 = \frac{0.408\Delta R_n + \gamma \dfrac{0.9}{T + 273} u_2 (e_s - e_a)}{\Delta + \gamma (1 + 0.34 u_2)}$$ (15)

حيث:

ET_o : التبخر – نتح المرجعى (مم/يوم)

R_n : الإشعاع الكلى على السطح الخضرى (ميجا جول/متر^2 يوم)

T : درجة حرارة الهواء على ارتفاع 2 متر (درجة مئوية)

u_2 : سرعة الرياح على ارتفاع 2 متر (متر/ث)

e_s : ضغط بخار الماء المشبع عند درجة حرارة T (باسكال)

e_a : ضغط البخار الفعلى عند درجة حرارة T (باسكال)

Δ : ميل منحنى الضغط البخارى (باسكال/درجة مئوية)

γ : الثابت الرطوبى (باسكال/درجة مئوية)

تحدد معادلة بنمان–مونتيث لمنظمة الاغذية والزراعة التبخر — نتح من السطح
العشبى المرجعى الافتراضى كما أنها تقدم قيمة قياسية للتبخر — نتح لفترات زمنية من السنة أو
فى مناطق أخرى يمكن مقارنتها وأيضاً التبخر من نباتات أخرى. كما يعتمد التبخر — نتح
الفعلى على نوع الغطاء النباتى وتوافر المياه بالتربة فإذا كانت المياه بالتربة ليست عاملاً محدداً،
فإن التبخر — نتح الفعلى للغطاء النباتى والمسمى بالمحصول طبقاً لتقرير منظمة الاغذية والزراعة
يكون كالآتى:

$$ET_c = K_c ET_0$$ (16)

حيث:

ET_c : تبخر المحصول (مم/يوم)

K_c : معامل المحصول

ET_0 : التبخر — نتح المرجعى للمحصول (مم/يوم)

ويمكن الاطلاع على قائمة بمعاملات المحاصيل بالرجوع إلى تقرير منظمة الاغذية والزراعة (FAO 1998)، كما تتدخل الظروف المناخية فى تقدير التبخر – نتح المرجعى ومن ثم فإن قيمة معامل المحصول تتفاوت باختلاف خصائص المحصول والمناخ ويمكن تحويل قيمة معامل المحصول بين المواقع والظروف المناخية المختلفة.

القياسات الحقلية Field measurements

(أ) وعاء التبخر Pan

يتم استخدام حوض لتبخير المياه أثناء إجراء الملاحظات لتحديد كمية التبخر فى مكان معين وغالباً ما تكون هذه الأحواض ملحقة بأجهزة الكترونية لاستشعار مستوى المياه بالإضافة إلى محطة مناخية صغيرة تقع بالقرب منها (شكل 2). وتستخدم أحواض التبخر لتقدير التبخر من البحيرات والأراضى، وعادة يكون التبخر من المسطحات المائية الطبيعية أقل حيث أنها لا تحتوى على حواف معدنية تسخن مع سخونة الشمس، ويتم تقدير التبخر – نتح المرجعى باستخدام الصيغة الاتية:

$$ET_0 = K_p E_{pan} \qquad (17)$$

حيث:

ET_o: التبخر – نتح المرجعى (مم/يوم)

K_p: معامل حوض التبخر وعادة يكون 0.75

E_{pan}: التبخر من الحوض (مم/يوم)

(ب) الليزيميتر (مقياس التبخر – نتح) Lysimeter

يعتبر الليزيميتر جهاز يستخدم لتقدير التبخر – نتح الفعلى من النباتات مثل المحاصيل والأشجار فمن خلال تسجيل كمية الأمطار الساقطة على منطقة معينة والكمية المفقودة من خلال التربة يمكن حساب كمية المياه المفقودة بالتبخر – نتح (شكل 3)، وتقوم هذه الاجهزة بعمل ذلك من خلال عزل منطقة الجذور النباتية من بيئتها والسيطرة على العمليات التى يصعب قياسها وتحديد العناصر المختلفة بمعادلة توازن مياه التربة بدقة أكبر، ويتطلب استخدام هذه الاجهزة أن تكون النباتات داخل وخارج الليزيميتر لها نفس الارتفاع ومعامل مساحة الورقة Leaf area index والذى لم يتم تحقيقه فى غالبية الدراسات مما أدى إلى بيانات خاطئة

62

وغير ممثلة للتبخر — نتح الفعلى فضلاً عن التكلفة الباهظة لإنشاء هذه الأجهزة ومتطلبات تشغيلها وصيانتها والتى تتطلب رعاية خاصة لذلك يقتصر استخدامها فى أغراض بحثية محددة (FAO, 1998).

(ج) التباين الدوامى Eddy covariance

تعتبر طريقة التباين الدوامى من التقنيات الأساسية لقياس التدفقات العمودية غير المنتظمة فى نطاق الغلاف الجوى، وهى طريقة احصائية لتحليل سلاسل بيانات الرياح عالية التردد والبيانات العددية المتجهة فى الغلاف الجوى للحصول على قيم التبخر و التبخر — نتح ولكنها تعتبر طريقة معقدة رياضياً وتحتاج إلى حذر كبير فى عملية إعداد وتجهيز البيانات (Wikipedia, 2009)

شكل (2) وعاء/حوض التبخر لقياس التبخر من سطح ماء حر.

المصدر: -http://mesotech.com/wp

content/uploads/2011/09/novalynx_255series_evap.jpg

شكل (3) جهاز الليزيميتر لقياس التبخر-نتح.

المصدر:

http://www.iac.ethz.ch/en/research/riet/images/lysimeter_above.jpg

(د) التوازن المائى للحوض/الخزان Catchment/reservoir water balance

يمكن تقدير التبخر – نتح من خلال إنشاء معادلة التوازن المائى لحوض التصريف والتى تعمل على التوازن بين التغير فى المياه المخزنة داخل الحوض والتساقط والجريان السطحى وجريان المياه الجوفية والتغير فى التخزين.

$$ET = P - R - G - \Delta S \qquad (18)$$

حيث:

ET: التبخر – نتح

P: التساقط

R: الجريان السطحى

G: جريان المياه الجوفية

ΔS : التغير فى التخزين

وبالأخذ فى الاعتبار فترة زمنية مقدارها العام فإن التغير فى التخزين يمكن تجاهله ومن ثم يكون $\Delta S = 0$.

64

أسئلة الفصل الثالث

التبخر والتبخر - نتح

السؤال الأول:

ما هى المتغيرات المناخية المطلوبة لحساب التبخر من المسطحات المائية المفتوحة بالطريقة المركبة؟

السؤال الثانى:

ما هي العوامل التي تؤثر في التبخر الفعلي على الأرض؟

السؤال الثالث:

ما هو التبخر الجهدى والتبخر المرجعى؟ صف علاقتها مع التبخر الفعلي؟

السؤال الرابع:

باستخدام معادلة هيفنر، احسب معدل البخر اليومي (بالمم / يوم) لبحيرة مساحتها 5 كم^2، آخذاً فى الاعتبار أن متوسط درجة حرارة الهواء 15 درجة مئوية ومتوسط سرعة الرياح 15 كم/ساعة والرطوبة النسبية 20% (جميع التقديرات للهواء اخذت على ارتفاع 2 متر)، وإذا تم الحفاظ على معدل التبخر على مدار عام كامل، فما هو مقدار المياه المفقود بسبب التبخر مقدراً بالمتر المكعب؟

(الإجابة : 7 مم/يوم و 12.8 مليون متر^3)

السؤال الخامس:

إذا كان الإشعاع الكلى فى البحيرة السابقة فى السؤال رقم (4) هو 210 وات/متر^2 وأن البحيرة تقع على ارتفاع 1000 متر فوق مستوى سطح البحر، قم بتقدير معدل التبخر (بالمم/يوم) باستخدام الطريقة المركبة (بافتراض كثافة الماء 1000 كجم/متر^3).

(الإجابة 7.04 مم/يوم)

السؤال السادس:

آخذأ فى الاعتبار نفس الظروف المناخية فى نفس الاسئلة ارقام (4) و (5) مع الاستعاضة عن البحيرة بالأرض، قم بتقدير التبخر - نتح المرجعى باستخدام معادلة بنمان-مونتيث لمنظمة الأغذية والزراعة (FAO, 1998).

(الإجابة 5.9 مم/يوم)

إجابة أسئلة الفصل الثالث
التبخر والتبخر – نتح

إجابة السؤال الرابع:

عند سطح المياه يكون:

$$e_{os} = 611 \exp\left(\frac{17.27T}{T + 237.3}\right) = 611 \exp\left(\frac{17.27x15}{15 + 237.3}\right) = 1706 \, pa$$

وفى الهواء فإن ضغط بخار الماء المشبع يكون:

$$e_{2s} = 611 \exp\left(\frac{17.27T}{T + 237.3}\right) = 611 \exp\left(\frac{17.27x20}{20 + 237.3}\right) = 2339 \, pa$$

ومع رطوبة نسبية 20% يكون ضغط بخار الماء الحقيقى كالآتى:

$$e_{2a} = R_h e_s = 0.2x2339 = 468 \, pa$$

وسرعة الرياح تكون:

$$Wind \quad speed = \frac{15x1000}{3600} = 4.2m/s$$

ومن ثم يكون:

$$E_{a\_Hefner} = \frac{0.00291}{A^{0.05}} u_2 \left(e_{os} - e_{2a}\right) = \frac{0.00291}{\left(5x10^6\right)^{0.05}} 4.2(1706 - 468) = 7.0mm/day$$

وإذا تم الابقاء على نفس معدل البخر على مدار عام يكون الفاقد فى المياه كالآتى:

$$0.007x365x5x10^6 = 12.8x10^6 \, m^3$$

إجابة السؤال الخامس:

الحرارة الكامنة عند 20 درجة مئوية تكون:

$$l_v = 2.5x10^6 - 2370T = 2.45x10^6 \, J/kg$$

ومن ثم فإن معدل التبخر يكون:

$$E_r = \frac{1}{l_v \rho_w}(R_n - H_s - G) =$$

$$\frac{1}{2.45x10^6 x1000}(210 - 0 - 0) = 85.7x10^{-9}\, m/s = 7.40mm/day$$

وميل منحنى بخار الماء المشبع عند 20 درجة مئوية يكون:

$$\Delta = \frac{4098 e_s}{(T + 237.3)^2} = \frac{4098x2339}{(20 + 237.3)^2} = 145\, pa/^oC$$

وضغط الهواء (باسكال) على ارتفاع 1000 متر فوق سطح البحر يكون:

$$p = 101.3\left(\frac{293 - 0.0065z}{293}\right)^{5.26} =$$

$$101.3\left(\frac{293 - 0.0065x1000}{293}\right)^{5.26} = 90.0KPa = 90x10^3\, Pa$$

ومن ثم فإن:

$$\gamma = \frac{C_p P}{0.622 l_v} = \frac{1005x90x1000}{0.622x2.45x10^6} = 59 Pa/^oC$$

وبالجمع يكون:

$$E = \frac{\Delta E_r + \gamma E_a}{\Delta + \gamma} = \frac{145x7.4 + 59x7}{145 + 59} = 7.28mm/day$$

وبهذا لا يوجد اختلاف كبير بين هذه الطرق الثلاث.

إجابة السؤال السادس:

من نفس الظروف المناخية يكون:

$$\Delta = 145 Pa/^oC \;,\; u_2 = 4.2m/s \;,\; \gamma = 59 Pa/^oC$$

$$T = 20^oC \;,\; e_a = 468Pa \;,\; e_s = 2339Pa$$

$$R_n = 210W/m^2 = 210x3600x24/10^6\, MJ/m^2.day = 18.1MJ/m^2.day$$

ومن ثم يكون:

$$ET_0 = \frac{0.408\Delta R_n + \gamma \frac{0.9}{T+273} u_2 (e_s - e_a)}{\Delta + \gamma (1 + 0.34 u_2)}$$

$$= \frac{0.408x145x18.1 + 59 \frac{0.90}{20+273} 4.2(2339 - 468)}{145 + 59(1 + 0.34x4.2)}$$

$$= \frac{1071 + 1424}{288} = 8.66 mm / day$$

الفصل الرابع
التسرب Infiltration

يقصد بالتسرب عملية اختراق المياه من سطح الأرض إلى داخل التربة، ويطلق على أقصى معدل لتسرب المياه داخل التربة بسعة التسرب Infiltration capacity.

المصطلحات الأساسية Relevant Basic Terms

(أ) المسامية Porosity

تعرف المسامية بأنها النسبة المئوية بين الحجم الكلى للمسام الموجودة وبين الحجم الكلى للصخر نفسه ويمكن تمثيل المسامية بالمعادلة الآتية:

$$\eta = \frac{Volume \quad of \quad voids}{Total \quad volume} \tag{1}$$

وفى العادة تتراوح مسامية التربة بين 0.25 و 0.75 تقريباً.

(ب) محتوى رطوبة التربة Soil moisture content

يعرف المحتوى الرطوبى للتربة بأنه كمية الرطوبة الموجودة في التربة تحت ظروف معينة منسوبة إلى الكتلة الجافة للتربة ويرمز لها بالرمز θ ويعبر عنه بالعلاقة الآتية:

$$\theta = \frac{Volume \quad of \quad liquid \quad water}{Total \quad volume} \tag{2}$$

وهنا $0 \leq \theta \leq \eta$ فهو للتربة الجافة يكون $\theta = 0$ والتربة المشبعة يكون $\theta = \eta$

(ج) نطاق التهوية (النطاق غير المشبع) Vadose zone (unsaturated zone)

يقع نطاق التهوية بين سطح الأرض ومنسوب المياه الجوفية وتكون المياه في نطاق التهوية لها ضاغط أقل من ضغط الهواء الجوى يسمى بضاغط السحب suction head.

(د) السعة الحقلية Field capacity

يقصد بالسعة الحقلية مقدار رطوبة التربة بعد إزالة الماء الزائد وهى بمثابة مقياس لقدرة التربة على الإحتفاظ بالماء وفي الممارسة العملية يتم الحصول على السعة الحقلية بعد أن يتم صرف

الماء من التربة المشبعة لمدة يومين إلى ثلاثة أيام، وتكون التربة في إنجلترا خلال فصل الشتاء حول السعة الحقلية حيث يزيد التبخر عن التساقط.

(هـ) النقص فى رطوبة التربة (SMD) Soil moisture deficit

عند استنفاذ النبات لجزء من ماء التربة والوصول إلى نسبة رطوبة محددة مسبقا ويسمى هذا الجزء من الماء النقص في رطوبة التربة وهو يمثل كمية الأمطار اللازمة لإعادة التربة إلى "السعة الحقلية".

(و) قانون دارسى (التربة المشبعة) Darcy's Law (saturated soil)

قانون دارسي من أهم القوانين في مجال حركة الماء في التربة ومجال الهيدرولوجي وهو يصف حركة الماء في الأوساط المسامية مثل التربة، حيث أن سرعة تدفق الماء من عمود التربة يتناسب طردياً مع الضاغط الهيدروليكي، أى أن:

$$q \infty i$$

حيث i تعبر عن القوة الدافعة للحركة أو التدرج فى الجهد الهيدروليكى
وقانون دارسي يأخذ الشكل التالي:

$$q = -K \frac{dH}{dz}$$

حيث :

dH: فارق الضاغط الهيدروليكي

dz: مسافة السريان

K: معامل التوصيل الهيدروليكي للتربة soil hydraulic conductivity

وقانون دارسي صاغه المهندس الفرنسي هنري دارسي 1882 أثناء دراسته معدلات التسرب فى المرشحات الرملية (شكل 1)، ويمكن تعريف الضاغط الهيدروليكي H من المعادلة التالية:

$$H = h + z$$

71

حيث:

h: جهد الضغط الهيدروليكي

z: جهد الجاذبية

لذا فإن قانون دارسي يكتب كالأتي:

$$q = -K\frac{dH}{dZ} = -K\frac{d}{dZ}(h+z)$$

$$q = -K\left(\frac{dh}{dZ} + \frac{dz}{dZ}\right)$$

ويمثل المقدار $\frac{dz}{dZ}$ ميل جهد الجاذبية والذي يساوى صفراً في حالة الحركة الأفقية ويظهر في حالة الحركة الرأسية، وعليه تأخذ الحركة الأفقية الصيغة التالية:

$$q = -K\frac{dh}{dZ}$$

ويتوقف سريان الماء في التربة على المحتوى الرطوبى، فعندما تكون التربة مشبعة (المسام ممتلئة تماماً بالماء) يسمى السريان في الحالة المشبعة Saturated water flow وعندما يكون المحتوى الرطوبى للتربة دون التشبع يسمى السريان في الحالة غير المشبعة Unsaturated water flow، وهذا الاختلاف في المحتوى الرطوبى يؤثر على معامل التوصيل الهيدروليكي Hydraulic conductivity حيث يكون هذا المعامل ثابت مع الزمن في الحالة المشبعة ويتغير مع تغير المحتوى الرطوبى للتربة في الحالة غير المشبعة وتكون قيمته أقل من حالة التشبع.

يصف قانون دارسي سريان الماء في الأوساط المسامية مثل التربة حيث أن سرعة تدفق الماء من عمود التربة يتناسب طردياً مع الضاغط الهيدروليكي، ويستخدم قانون دارسى لوصف التدفق flux (q) خلال الوسط المسامى كالآتى:

$$q = KS_f = K\frac{\Delta h}{\Delta s} \qquad (3)$$

حيث:

K : معامل التوصيل الهيدروليكى (مم/ث)

S_f: الفاقد فى الضاغط الهيدروليكى

Δh: الفرق فى منسوب المياه بين نقطتى القياس

Δs: المسافة بين نقطتى القياس

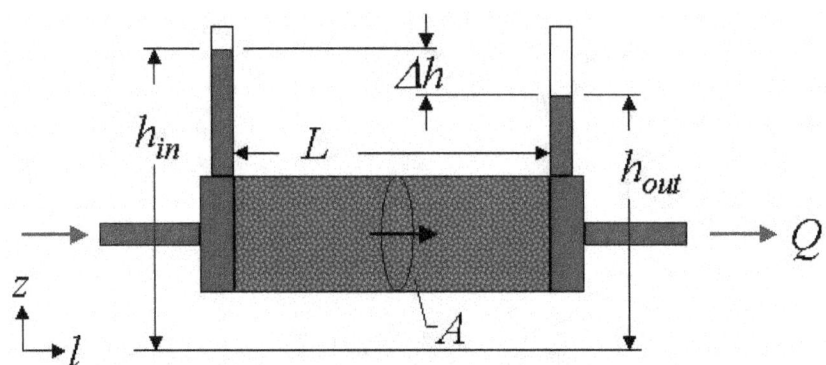

شكل (1) شكل مبسط لجهاز دارسى لتقدير معامل التوصيل الهيدروليكى للتربة.
المصدر: http://biosystems.okstate.edu/darcy/LaLoi/figure1.jpg

أما الضاغط الكلى يمكن التعبير عنه كالآتى:

$$h = \frac{p}{\rho g} + z$$

حيث:

h: الضاغط الكلى

p: الضغط عند نقطة القياس

ρ: كثافة الماء (كجم/متر^3)

g: عجلة الجاذبية الأرضية (متر/ث^2)

z: ارتفاع نقطة القياس (متر)

(ز) السرعة المسامية فى التربة Pore velocity in soil

ترتبط السرعة المسامية فى التربة بالمسامية porosity وحيث أنه توجد نسبة ضئيلة من إجمالى التربة يكون متاحاً للتدفق يتم قسمة التدفق على المسامية للتغلب على هذه الحقيقة كالآتى:

73

$$V = \frac{q}{\eta} \qquad\qquad (4)$$

حيث:

V: السرعة المسامية فى التربة

q: التدفق

η: المسامية

(ح) قانون دارسى (التربة غير المشبعة) Darcy's law (unsaturated soil)

أما فى حالة التربة غير المشبعة فإن الضاغط الكلى يكون عبارة عن ضاغط الشد (السحب) و ضاغط الجاذبية.

$$h = \Psi + z \;\; , \;\; q = K(\theta)S_f = -K(\theta)\frac{\Delta h}{\Delta z} \qquad\qquad (5)$$

حيث:

Ψ: ضاغط الشد (السحب)

z: جهد الجاذبية

θ: محتوى رطوبة التربة

وهنا نجد أن قانون دارسى ما زال قابل للتطبيق، والفرق هنا هو أن التوصيل الهيدروليكى لم يعد ثابت بل يتغير بتغير محتوى رطوبة التربة (شكل 2) فكلما كانت التربة جافة كلما صغرت قيمة التوصيل الهيدروليكى، ومن ناحية أخرى فإن القيمة المطلقة لضاغط شد (سحب) التربة soil suction head ترتفع بارتفاع جفاف التربة وهنا يجب أن تكون "z" سالبة وتقاس من سطح الأرض.

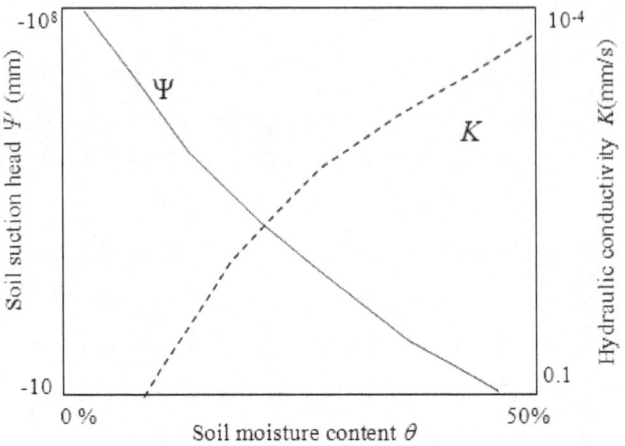

شكل (2) ضاغط الشد (السحب) للتربة والتوصيل الهيدروليكى مع محتوى رطوبة التربة.

عملية التسرب Infiltration Process

التسرب هو عملية دخول الماء إلى التربة (حركة لأسفل من خلال سطح التربة) وهى عملية سريان غير مستقر للماء في الحالة غير المشبعة، وعندما يضاف الماء عند سطح التربة (تحت ظروف الري بالغمر أو المطر) فإن الماء يدخل التربة ويغير من توزيع المحتوى الرطوبى للتربة والرطوبة تتوزع خلال قطاع التربة مكونة المناطق التالية (شكل 3):

(أ) المنطقة المشبعة Saturation zone

وهى طبقة رقيقة عند سطح التربة تصل إلى عدة ملليمترات في السمك.

(ب) منطقة التوصيل Transmission zone

وهى منطقة نقل للماء المتسرب من السطح إلى جسم التربة – هذه المنطقة متغيرة في السمك عكس المناطق الأخرى . وهى تمتد بما يتناسب مع طول فترة إمداد الماء لسطح التربة – المحتوى الرطوبى متغير قليلا مع العمق وربما يكون ثابت وقريب من التشبع.

(ج) منطقة الابتلال Wetting zone

عادة هي طبقة رقيقة حيث التغيرات في المحتوى الرطوبى من القيمة الإبتدائية إلى قيمة الرطوبة فى منطقة التوصيل.

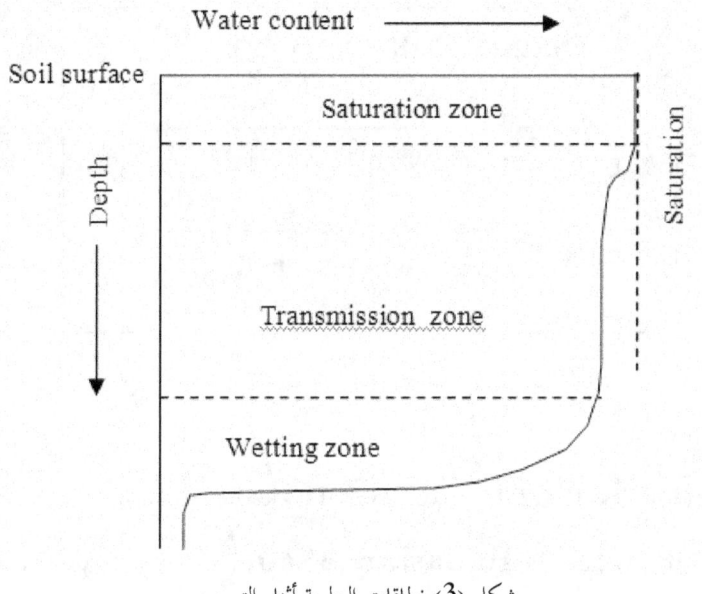

شكل (3) نطاقات الرطوبة أثناء التسرب.

العوامل المؤثرة على التسرب

هناك بعض العوامل المؤثرة على التسرب يمكن تلخيصها فى الآتى:

(1) التساقط Precipitation

(2) أنواع التربة Soil types

(3) محتوى المياه فى التربة Water content in the soil

(4) الغطاء النباتى Vegetation cover

(5) انحدار (ميل الأرض) Ground slope

ويوضح الشكل (4) تأثير أنواع التربة على جهد التسرب وجهد الجريان السطحى.

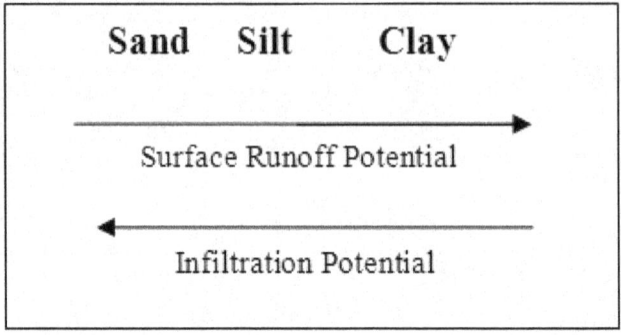

شكل (4) تأثير أنواع التربة على جهد التسرب وجهد الجريان السطحى.

تقدير معدل التسرب Estimation of Infiltration Rate

(أ) معادلة هورتون (1940) (1940) Horton's Equation

من الخيارات المهمة لتقدير التسرب والتى تنص على أن التسرب يبدأ عند معدل ثابت f_0 ويتناقص بصيغة أسية مع الزمن t وبعد وقت معين عندما تصل التربة إلى مستوى التشبع فإن معدل التسرب سيثبت عند المعدل f_c (معادلة 6). كما يوضح شكل (5) منحنى هورتون للتسرب.

$$f_t = f_c + (f_0 - f_c)e^{-k}t \qquad (6)$$

حيث:

f_t : معدل التسرب عند الزمن t (مم/ساعة)

f_0 : معدل التسرب الإبتدائى (مم/ساعة)

f_c : معدل التسرب النهائى (مم/ساعة)

k : ثابت تجريبى (ساعة$^{-1}$)

كما يمكن حساب التسرب الكلى (F) فى زمن (T) بالساعات كالآتى:

$$F = \int_0^T f_t dt = \int_0^T f_c + (f_0 - f_c)e^{-kt} dt \qquad (7)$$
$$= \left[f_c t - (f_0 - f_c)e^{-kt} / k \right]_0^T$$
$$= f_c T - (f_0 - f_c)e^{-kT} / k + (f_0 - f_c) / k$$

$$= f_c T + \frac{1}{k}(f_0 - f_c)(1 - e^{-kT})$$

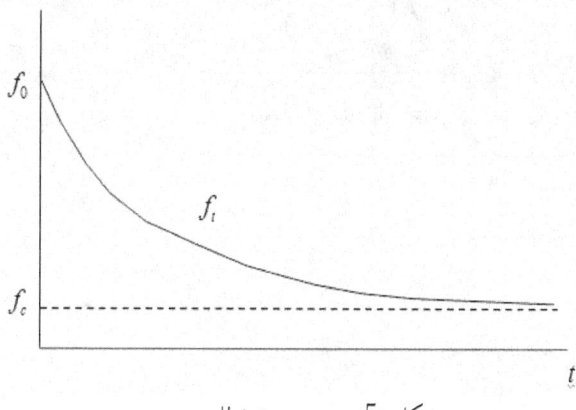

شكل (5) منحنى هورتون للتسرب.

تمرين (1):

تم تقدير سعة التسرب المبدئية f_0 لحوض صرف ووجد أنها تساوى 4.5 مم/ساعة وثابت الزمن 0.35/ساعة والسعة النهائية f_c تساوى 0.4 مم/ساعة، استخدم معادلة هورتون لحساب الآتي:

أ) معدل التسرب f_t عند زمن t = 10 دقيقة و 30 دقيقة و 1 ساعة و 2 ساعة و 6 ساعة.

ب) الحجم الكلى للتسرب على مدار 6 ساعات بافتراض استمرارية ظروف التسرب.

الحل:

من قانون هورتون

$$f_t = f_c + (f_0 - f_c)e^{-kt} = 0.4 + (4.5 - 0.4)e^{-0.35t}$$

تكون معدلات التسرب (مم/ساعة) مع الزمن (ساعة) كالآتى:

t (hr)	1/6	½	1	2	6
f_t (mm/hr)	4.3	3.8	3.3	2.4	0.90

وباستخدام التكامل على الفترة الزمنية [0, 6] نحصل على:

$$F = f_c T + \frac{1}{k}(f_0 - f_c)(1 - e^{-kT})$$

$$= 0.4x6 + \frac{1}{0.35}(4.5 - 0.4)(1 - e^{-0.35x6}) = 12.7mm$$

ويجب ملاحظة أن منحنى التسرب قد يكون مختلفاً نظراً لتفاوت محتوى رطوبة التربة المبدئية (شكل 6).

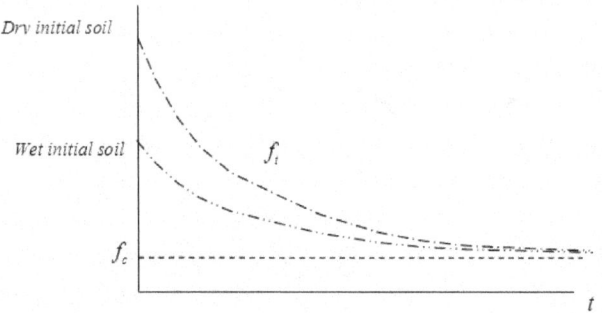

شكل (6) منحنيات هورتون للتسرب الراجعة للمحتوى المبدئى لرطوبة التربة

(ب) دليل فاى Φ-Index

تعتبر هذه الطريقة أبسط طريقة لتقدير التسرب وهى تفترض أن التسرب f_t ثابت خلال فترة حدوث العاصفة وإيجاد معامل يسمى فاى Φ والذى يربط بين كمية الجريان من حوض التصريف مع التساقط (شكل 7).

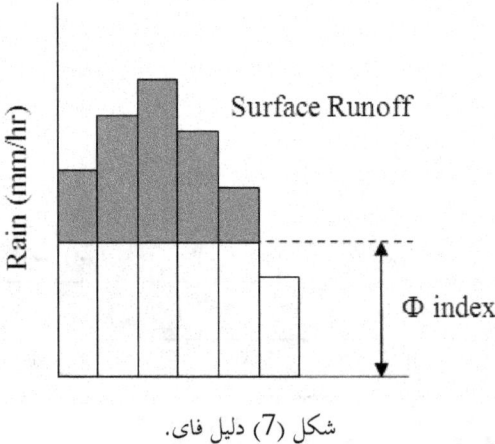

شكل (7) دليل فاى.

تمرين (2):

إذا كان هناك حوض تصريف مساحته 0.25 كم^2 تعرض لعاصفة وكانت شدة المطر (مم) مع الزمن (ساعة) كالآتي:

Time (hr)	1	2	3	4	5	6
Rain (mm)	7	18	25	12	10	3

فإذا كان حجم الجريان من العاصفة يساوي 8250 متر^3 فاحسب معامل فاي (Φ) مع إهمال تأثير التبخر – نتح.

الحل:

الجريان الكلى بالمم يحسب كالآتي:

$$\frac{8250m^3}{Area} = \frac{8250m^3}{0.25x10^6 m^2} = 0.033m = 33mm$$

الميزانية المائية كالآتي:

$$\{7 - \Phi\} + \{18 - \Phi\} + \{25 - \Phi\} + \{12 - \Phi\} + \{10 - \Phi\} + \{3 - \Phi\} = 33mm$$

بالحل بالنسبة إلى $\Phi = 7mm$

وحيث أن كل $\{\ \}$ يجب أن يكون ≤ 0 وبإهمال $\{7 - \Phi\}$ و $\{3 - \Phi\}$ حيث لا يوجد لها أى مساهمة فى الجريان نحصل على ميزانية جديدة كالآتي:

$$\{18 - \Phi\} + \{25 - \Phi\} + \{12 - \Phi\} + \{10 - \Phi\} = 33mm$$

وبالحل بالنسبة إلى $\Phi = 8mm$

وبفحص $\{\ \} \geq 0$ يكون فاى النهائية (Φ) تساوى 8 مم.

(ج) طريقة طريقة جرين – امبت Green-Ampt method

يستخدم هذا النموذج على نطاق واسع فى بعض النماذج الهندسية مثل نموذج –HEC HMS و نموذج SWMM وهذه الطريقة تأخذ فى الاعتبار ظروف رطوبة التربة المبدئية كما بالمعادلة الآتية:

$$f_t = K\left[\frac{1 + (\eta - \theta_i)\Psi_f}{F_t}\right] \tag{8}$$

80

حيث:

K: التوصيل الهيدروليكى المشبع

θ_i: محتوى الرطوبة الابتدائى

$(\eta - \theta_i)$: العجز فى حجم الرطوبة

Ψ_f: جبهة الشد/الشفط المبلل

F_t: التسرب التراكمى عند زمن t

قياسات التسرب Infiltration measurements

(أ) مقياس التسرب Infiltrometer

مقياس التسرب عبارة عن جهاز يستخدم لقياس معدل التسرب خلال التربة أو أى أوساط مسامية أخرى، والمقاييس الأكثر استخداماً لقياس معدل التسرب تكون عبارة عن مقاييس وحيدة الحلقة Single ring infiltrometer أو مزدوجة الحلقة Double ring infiltrometer وهى مقاييس سهلة الاستخدام ولكنها يمكن تؤدى إلى تشوية بنية التربة. يوضح شكل (8) نموذجاً لمقياس التسرب وحيد الحلقة، بينما يوضح شكل (9) نموذجاً لمقياس التسرب مزدوج الحلقة.

(ب) المحاكاة الاصطناعية للأمطار Artificial rain simulation

يمكن استخدام نظم محاكاة الأمطار فى المعمل أو الحقل لدراسة التسرب وتأثير نسيج التربة على معدلات التسرب وهذه الطرق لا تؤدى إلى أى تشوه فى التربة وتكون قريبة من تأثير المطر الحقيقى ولكنها تكون عالية التكلفة (شكل 10 و 11).

81

شكل (8) مقياس التسرب وحيد الحلقة.

شكل (9) مقياس التسرب مزدوج الحلقة.

شكل (10) صورة لنظام محاكاة الأمطار فى المعمل.

المصدر: http://www.fao.org/docrep/T0848E/t0848e63.jpg

شكل (11) نموذج لنظام محاكاة الأمطار فى الحقل (فى منطقة ليزيميتر).

المصدر: http://www.ars.usda.gov/Research/docs.htm?docid=21091

أسئلة الفصل الرابع

التسرب

السؤال الأول:

ما هى سعة التسرب؟

السؤال الثانى:

باستخدام القياسات فى الجدول التالى قم بحساب تدفق رطوبة التربة (سم/يوم) بين أعماق 0.5 و 0.8 متراً فى كل أسبوع، بالأخذ فى الاعتبار معامل التوصيل الهيدروليكى $K = 240(-\Psi)^{-2.3}$ (حيث K بالمم/يوم و Ψ بالسم)، استخدم متوسط ضاغط الشد لاشتقاق معامل التوصيل الهيدروليكى، ولمنطقة مساحتها 1 كم^2 كم هو مقدار المياه (متر^3) التى عبرت الطبقة بين 0.5 و 0.8 متر فى هذين الاسبوعين؟

Week	Total head at 0.5m (cm)	Total head at 0.8m (cm)
1	-70	-105
2	-80	-120

Total head: الضاغط الكلى

(الإجابة : -0.2174 سم/يوم و -0.0899 سم/يوم و 21510 متر^3)

السؤال الثالث:

افترض أن المعاملات فى معادلة هورتون هى $f_o = 3.5$ مم/ساعة و $f_c = 0.6$ و $K = 4.1$ ساعة$^{-1}$، قم بتقدير معدلات التسرب بعد 0 و 10 و20 دقيقة و 1 و 1.5 و 2 ساعة واحسب التسرب التراكمى بعد ساعتين بافتراض استمرارية ظروف التسرب.

(الإجابة : 3.50 و 2.04 و 1.35 و 0.648 و 0.601 مم/ساعة و التسرب التراكمى يساوى 1.91 مم)

السؤال الرابع:

إذا كان حوض تصريف مساحته 200 كم^2 تعرض لعاصفة وكانت شدة المطر (مم) مع الزمن (ساعة) كالآتى:

Time (hr)	3	6	9	12	15	18	21	24
Rain (mm)	16.5	48.0	20.0	12.8	9.1	5.5	3.1	1.2

وإذا كان حجم الجريان السطحى للعاصفة $1.6x10^7$ متر^3 فقم بتقدير دليل فاى Φ (بالمم/ساعة) مع اهمال تأثير التبخر.

(الإجابة 1.77 مم/ساعة)

إجابة اسئلة الفصل الرابع

التسرب

إجابة السؤال الثاني:

الضاغط الكلى يحسب كالآتى:

$$Total \quad head = Suction \quad head + Gravity \quad head$$

$$\Psi = h - z$$

متوسط التدفق بين $Z_1 = -50$ سم و $Z_2 = -80$ سم يحسب كالآتى:

$$q = KS_f = -K_{mean}\frac{\Delta h}{\Delta z} = K_{mean}\frac{h_1 - h_2}{30}$$

ومن ثم تكون النتائج كالآتى:

Week	Total head at 0.5m (cm)	Total head at 0.8m (cm)	Suction head at 0.5m (cm)	Suction head at 0.8m (cm)	K (cm/day)	Head difference (cm)	Flux (cm/day)
1	-70	-105	-20	-25	0.1863	35	-0.2174
2	-80	-120	-30	-40	0.0674	40	-0.0899

Total head: الضاغط الكلى، Suction head: ضاغط الشد، head difference: الفرق فى الضاغط، Flux: التدفق

التدفق الكلى خلال الأسبوعين يكون:

$$-0.2174 x7 - 0.0899 x7 = 2.151 cm$$

وداخل 1 كم^2 يكون:

$$2.151 cm / 100 m x 10^6 = 21510 m^3$$

86

إجابة السؤال الثالث:

من قانون هورتون:

$$f_t = f_c + (f_0 - f_c)e^{-kt} = 0.6 + (3.5 - 0.6)e^{-4.1t}$$

يكون معدل التسرب (مم/ساعة) مع الزمن (ساعة) كالآتي:

t (hr)	0	1/6	1/3	1	1.5	6
f_t (mm/hr)	3.50	2.06	1.34	0.648	0.606	0.600

وبالتكامل للفترة الزمنية $[0, 2]$ نحصل على التسرب الكلي كالآتي:

$$F = \int_0^T f_c + (f_0 - f_c)e^{-kt} \, dt = f_c T + \frac{1}{k}(f_0 - f_c)(1 - e^{-kT})$$

$$= 0.6 x 2 + \frac{1}{4.1}(3.5 - 0.6)(1 - e^{-4.1x2}) = 1.91 mm$$

إجابة السؤال الرابع:

إجمالي الجريان بالمم يمكن حسابه كالآتي:

$$\frac{1.6 x 10^7 m3}{Area} = \frac{1.6 x 10^7 m^3}{200 x 10^6 m^2} = 0.08 m = 80 mm$$

الميزانية المائية للحوض كالآتي:

$$\{16.5 - \Phi\} + \{48 - \Phi\} + \{20 - \Phi\} + \{12.8 - \Phi\}$$
$$+ \{9.1 - \Phi\} + \{5.5 - \Phi\} + \{3.1 - \Phi\} + \{1.2 - \Phi\}$$
$$= 80 mm$$

بالحل بالتعويض عن فاى = 4.51 مم/3 ساعة

وحيث أن كلا من { } يجب أن يكون ≤ 0 وباهمال $\{3.1 - \Phi\}$ و $\{1.2 - \Phi\}$ والتي لا تساهم في الجريان سيكون هناك ميزانية جديدة كالآتي:

$$\{16.5 - \Phi\} + \{48 - \Phi\} + \{20 - \Phi\}$$
$$+ \{12.8 - \Phi\} + \{9.1 - \Phi\} + \{5.5 - \Phi\} = 80 mm$$

وبالحل بالنسبة إلى فاى = 5.32 مم/3 ساعة

وبالتحقق من { } يجب أن يكون ≤ 0 تكون فاى النهائية Φ = 5.32 مم/3 ساعة = 1.77 مم/ساعة

الفصل الخامس
المياه الجوفية Groundwater

المياه الجوفية هي المياه تحت سطح الأرض المحتواه في الفراغات المسامية بين جزيئات الصخور والتربة أو الشقوق في صخور القاعدة (شكل 1).

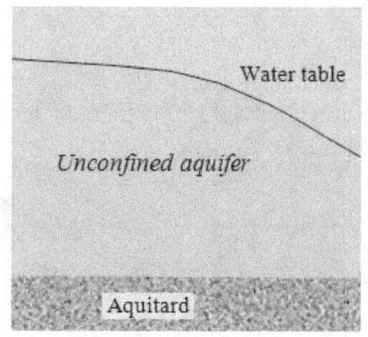 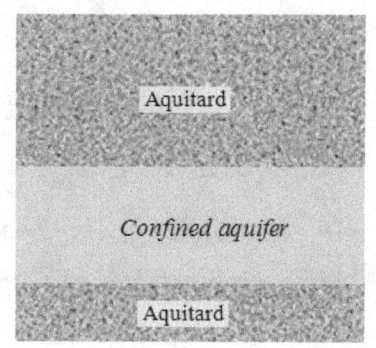

شكل (1) مسميات خزانات المياه الجوفية

المصطلحات الأساسية Basic Terms

(أ) الخزان الجوفى Aquifer

الخزان الجوفى هو طبقة منفذة أو مواد غير متصلبة حاملة للمياه تحت الأرض مثل طبقات الحصى والرمال والتى منها يمكن استخراج المياه الجوفية باستخدام آبار المياه.

(ب) منسوب المياه الجوفية Water table

منسوب المياه الجوفية هو المستوى الذي فيه ضغط المياه الجوفية يتساوي مع الضغط الجوي.

(ج) الطبقة المعطلة لحركة المياه Aquitard

وهى طبقات تحد من سريان المياه الجوفية من خزان جوفى إلى أخر وتشمل طبقات من الطين أو الصخور غير المسامية منخفضة التوصيل الهيدروليكي (شكل 2).

(د) الخزان الجوفى غير المحصور Unconfined aquifer

وهو خزان جوفى تكون فيه الطبقة الحاملة للمياه من أعلى دون أن تعلوها طبقة صماء، أي أن الخزان يكون متصلاً بشكل مباشر بمصادر تغذيتها (شكل 2)، كما أن سطح الماء الحر الموجود في هذه الطبقات يتأثر بظروف المياه الموجودة على سطح الأرض، فهو يرتفع مستواه بالقرب من الأنهار أو قنوات الري ذات المناسيب العالية وينخفض المنسوب بالقرب من المصارف.

(هـ) الخزان الجوفى المحصور Confined aquifer

وهو خزان جوفى تكون فيه الطبقات الحاملة للمياه بين طبقتين غير منفذتين (شكل2)، قد يرتفع الماء في مثل هذه الطبقات فوق مستوى الطبقة العليا أوقد يرتفع إلى سطح الأرض إذا كان الضغط كافياً، ومقدار إرتفاع الماء في البئر يعتمد على مقدار الضغط الارتوازي المتوفر في الطبقة، وهذا الضغط يتأثر بمقدار ارتفاع الماء عند مصدر الماء المغذي للطبقة الحاملة (شكل 2).

(و) الخزان الجوفى/البئر الارتوازى Artesian aquifer/well

هو خزان جوفى محصور يحتوى على مياه جوفية سوف تتدفق لأعلى من خلال بئر تسمى بئر ارتوازية دون الحاجة إلى وجود مضخة وقد تصل المياه إلى سطح الأرض إذا كان الضغط الطبيعي عالياً بما فيه الكفاية وفي هذه الحالة تسمى البئر بئر ارتوازية متدفقة Flowing artesian well (شكل 2).

(ز) الخزان الجوفي المعلق Perched Water

أحياناً تتخلل الطبقة الحاملة للمياه عند عمق معين ولمسافة محدودة بعض التكوينات غير المنفذة التي تعيق أو تمنع حركة الماء نحو الطبقة الصماء إلى الأسفل، وهذه لا تعد تكوينات حاملة بل تسمى الطبقات المعلقة، والخزان الجوفى المحدود فى هذه الحالة يطلق علية الخزان الجوفى المعلق (شكل 2).

يوضـح شكـل (3) خريطـة وادى النيـل بمنطقـة اسـنا بمصر حيـث يوضـح القطـاع الهيـدرولوجى عـبر وادى النيـل بهـذه المنطقـة وجـود الخـزان الجـوفى غـير المحصـور المسمـى بخـزان الرباعـى (Q2) والخـزان الجـوفى المحصـور (Kn) المسمـى بخـزان الحجـر الرملـى النوبـى (شكـل 4).

(ح) بئر المياه Water well

بئر المياه هـى عبـارة عن حفرة تنشأ فى الأرض بواسطة الحفر Drilling للوصول إلى المياه فى خزانات المياه الجوفية.

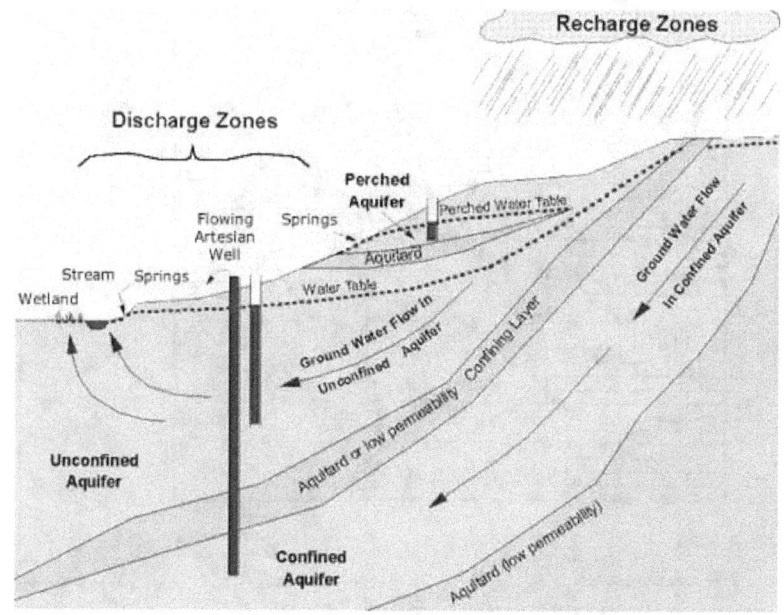

شكل (2) أنواع خزانات المياه الجوفية: الخزان الجوفى المحصور وغير المحصور والمعلق.

المصدر: http://imnh.isu.edu/digitalatlas/hydr/concepts/gwater/aquifer.htm

(ط) البئر الاستكشافية Borehole

هو عبارة عن حفرة ضيقة يتم حفرها فى الأرض لتقييم المياه الجوفية بالموقع.

(ك) السطح البيزومترى Piezometric surface

السطح البيزومترى هـو السطح الوهمى الـذى ينطبق على الضاغط الهيدروليكى للميـاه فى كل مكـان مـن الميـاه الجوفيـة فى الخـزان الجـوفى، ويكـون السطـح البيزومتـرى فـوق سطـح الأرض فى المناطق ذات المياه الجوفية الارتوازية.

90

(ل) السريان القاعدى Base flow

السريان القاعدى هو جزء من سريان المجرى المائى والذى ينشأ من المياه الجوفية ويحافظ هذا السريان على التدفقات في النهر خلال فترات الجفاف بين العواصف المطيرة.

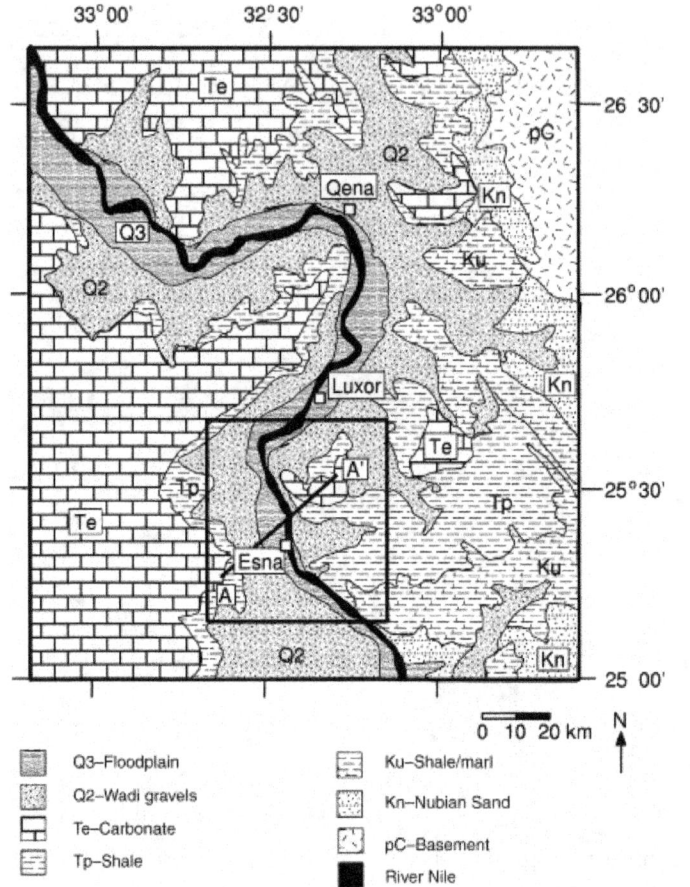

شكل (3) خريطة وادى النيل بمنطقة اسنا بجمهورية مصر العربية توضح التكوينات الجيولوجية. (المصدر: Brikowski and Farid 2006)

91

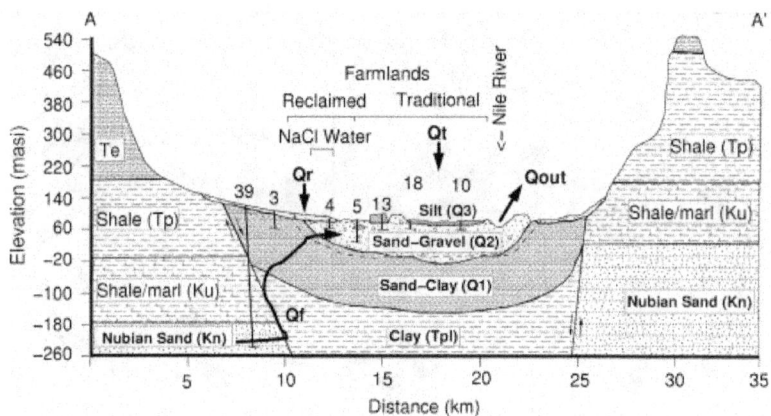

شكل (4) قطاع هيدروجيولوجى بمنطقة اسنا بوادى النيل بجمهورية مصر العربية يبين الخزان الجوفى غير المحصور المسمى بخزان الرباعى (Q2) والخزان الجوفى المحصور (Kn) المسمى بخزان الحجر الرملى النوبى. (المصدر: Brikowski and Farid 2006)

(م) تغذية المياه الجوفية Groundwater Recharge

التسرب الطبيعى للمياه السطحية إلى نظام المياه الجوفية.

(ن) الماء الاحفورى Fossil water

المياه الجوفية الأحفورية هى المياه الجوفية التى بقيت فى الخزان الجوفى لآلاف أو حتى ملايين السنين وعندما تحول التغييرات الجيولوجية الخزان الجوفى من التغذية يصبح الماء محبوس داخل الخزان الجوفى.

خصائص المياه الجوفية المحصورة وغير المحصورة
Characteristics of Confined/Unconfined Groundwater

هناك عديد من الاختلافات فى خصائص المياه الجوفية المحصورة وغير المحصورة يمكن تلخيصها كالاتى (جدول 1):

جدول (1) خصائص المياه الجوفية المحصورة وغير المحصورة.

المياه الجوفية غير المحصورة	المياه الجوفية المحصورة
1) منسوب حر للمياه الجوفية	1) لا يوجد منسوب للمياه الجوفية – يوجد سطح بيزومترى

92

2) الميل الهيدروليكى يمكن أن يتغير بسرعة	2) الميل الهيدروليكى أكثر تناسقاً
3) تذبذبات كثيرة مع المواسم	3) تذبذبات طفيفة مع المواسم
4) يلزمها الحفر إلى منسوب المياه الجوفية لاستخراج المياه	4) يلزم الحفر إلى الخزان الجوفى
5) لا يوجد آبار متدفقة	5) يمكن الحصول على آبار متدفقة
6) منطقة التغذية تكون حول البئر	6) منطقة التغذية تكون بعيدة عن البئر
7) بالضخ فإن الخزان يستنزف Dewatered	7) الخزان لا يحدث له استنزاف بل الضغط ينخفض لمساحة شاسعة
8) الرياضيات الخاصة بالمياه الجوفية غير المحصورة أكثر تعقيداً	8) الرياضيات الخاصة بالمياه الجوفية المحصورة أبسط
9) المياه الجوفية غير المحصورة تكون تحت سطح الأرض	9) المياه الجوفية المحصورة يمكن أن تكون فوق سطح الأرض

معادلات السريان الرئيسية The Basic Flow Equations

رقم رينولدز Reynolds number

هو أحد الارقام المهمة فى مجال ميكانيكا الموائع حيث يمكن بواسطته تحديد نوع جريان المائع إذا كان منتظم (انسيابى) Laminar عند قيم منخفضة لرقم رينولدز أو مضطرب Turbulent عند قيم عالية لرقم رينولدز وهو يعرف على أنه النسبة بين قوى القصور الذاتى Inertial forces وقوى اللزوجة Viscous forces (معادلة 1)، ولكى يكون قانون دارسى صالحاً للتطبيق يجب أن يكون رقم رينولدز (Re) أقل من 1 مثل حالات السريان البطىء والسريان المنتظم وفى معظم المسائل الهندسية العملية يكون رقم رينولدز أقل من 1 ويمكن التعبير عن رقم رينولدز بالعلاقة الآتية:

$$\mathrm{Re} = \frac{\rho q d}{\mu} \qquad (1)$$

حيث:

q: التدفق

d: متوسط قطر حبيبة التربة

μ : اللزوجة

ρ : كثافة الماء.

تمرين:

إذا كان الماء يتحرك داخل خزان جوفي بمعدل سريان مقداره 30 سم/يوم وإذا كان متوسط حجم الحبيبات 1.5 مم، احسب رقم رينولدز وتحقق عما إذا كان قانون دارسي قابل للتطبيق (كثافة الماء 1000 كجم/متر^3 ولزوجة الماء $1.13x10^{-3}$ نيوتن.ثانية/متر^2.

الحل:

بتحويل كل الوحدات إلى المتر والنيوتن والثانية يكون رقم رينولدز كالآتي:

$$Re = \frac{1000x(0.3/24/3600)x0.0015}{1.137x10^{-3}} = 0.0046$$

وحيث أن رقم رنولدز أقل من 1 فإن قانون دارسي يمكن تطبيقه.

وطبقاً لقانون دارسي:

$$q = KS_f = K\frac{dh}{ds}$$

فإن معدل التدفق عبر وحدة المساحة يكون كالآتي:

$$Q = Aq = AK\frac{dh}{ds} \qquad (2)$$

يبين جدول (2) بعض قيم معامل التوصيل الهيدروليكي (K) في الطبيعة (طبقاً لمشروع Connected Water Resources Project, 2009):

جدول (2) بعض قيم معامل التوصيل الهيدروليكي لبعض الطبقات.

الطبقة	معامل التوصيل الهيدروليكي
الطين Clay	يتراوح بين 10^{-2} إلى 10^{-8}
الحجر الرملي Sandstone	يتراوح بين 1 إلى 10^{-3}
الرمال Sand	يتراوح بين 2 إلى 20
الحصى Gravel	يتراوح بين 100 إلى 1000

94

السريان المنتظم Steady Flow

السريان المنظم يعني أن خصائص السريان (العمق والسرعة ومعدل السريان وما إلى ذلك) لا تتغير مع مرور الزمن.

(أ) السريان غير المحصور إلى بئر Unconfined flow to a well

بالأخذ في الاعتبار خزان جوفي غير محصور ولا نهائي له سمك ثابت ونفاذية ثابتة، يكون السريان نحو البئر شعاعي وأفقي تماما (شكل 5).

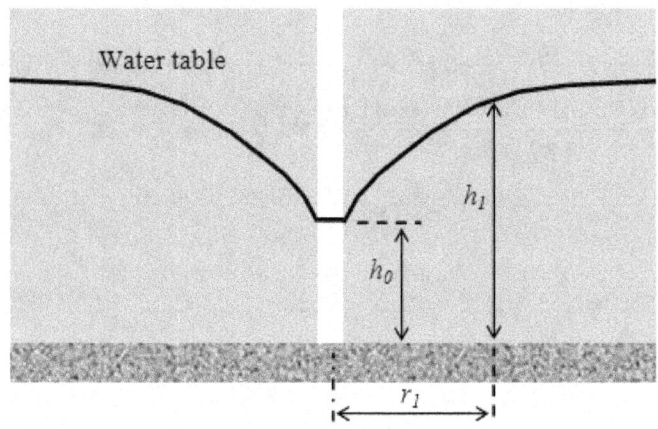

شكل (5) السريان غير الحصور إلى بئر

ومن قانون دارسي نجد أن

$$Q = AK\frac{dh}{ds}$$

حيث:

Q: التصرف (معدل الضخ)

A: مساحة مقطع السريان

K: معامل التوصيل الهيدروليكي

$\dfrac{dh}{ds}$: التغير في الضاغط الهيدروليكي بين بئري الملاحظة

وفي نظام الإحداثيات القطبية يكون

$$Q = 2\pi rhK\frac{dh}{dr}$$

95

حيث:

r : المسافة من البئر (نصف قطر التأثير)

$\frac{dh}{dr}$: التغير فى الضاغط الهيدروليكى بين بئرى الملاحظة

وبالترتيب يكون

$$hdh = \frac{Q}{2\pi rK} dr$$

وبالتكامل بين جدار البئر(r_0) إلى (r_1) يكون

$$\int_{h_0}^{h_1} hdh = \int_{r_0}^{r_1} \frac{Q}{2\pi rK} dr$$

حيث:

r_o : المسافة من بئر الضخ إلى بئر الملاحظة الأولى

r_1 : المسافة من بئر الضخ إلى بئر الملاحظة الثانية

h_o : منسوب المياه فى بئر الملاحظة الأولى

h_1 : منسوب المياه فى بئر الملاحظة الثانية

ومن ثم يكون

$$\frac{1}{2}\left[h^2\right]_{h_0}^{h_1} = \frac{Q}{2\pi K}\left[\ln r\right]_{r_0}^{r_1}$$

أى أن:

$$\frac{1}{2}\left(h_1^2 - h_0^2\right) = \frac{Q\ln(r_1 / r_0)}{2\pi K}$$

ومن ذلك نجد أن التصرف Q يكون كالآتى:

$$Q = \frac{\pi K\left(h_1^2 - h_0^2\right)}{\ln(r_1 / r_0)} \quad (3)$$

مخروط الانخفاض

يتدرج سطح الماء الحر أثناء تدفقه بشكل شعاعي نحو البئر مكوناً بذلك شكل مخروطي قاعدته إلى الأعلى، ويسمى شكل السطح الحر للمياه الجوفية بمخروط الانخفاض Cone of depression.

(ب) السريان المحصور إلى بئر Confined flow to a well

بالأخذ فى الاعتبار طبقة لانهائية حاملة للمياه الجوفية ذات سمك ثابت ونفاذية متجانسة وبئر الضخ مخترق تماماً للخزان، يكون السريان شعاعى وأفقى تماماً نحو البئر (شكل 3).

ومن قانون دارسى نجد أن:

$$Q = AK \frac{dh}{ds}$$

وفى الإحداثيات القطبية يكون

$$Q = 2\pi r b K \frac{dh}{dr}$$

حيث:

b : سمك الخزان

وبالترتيب فإن التغير فى منسوب المياه dh يكون كالآتى:

$$dh = \frac{Q}{2\pi r b K} dr$$

وبالتكامل بين جدار البئر(r_0) إلى (r_1)

$$\int_{h_0}^{h_1} dh = \int_{r_0}^{r_1} \frac{Q}{2\pi r b K} dr$$

ومن ثم يكون

$$[h]_{h_0}^{h_1} = \frac{Q}{2\pi b K} [\ln r]_{r_0}^{r_1}$$

أى أن:

$$(h_1 - h_0) = \frac{Q \ln(r_1 / r_0)}{2\pi b K}$$

ومن هنا نجد أن التصرف Q كالآتى:

$$Q = \frac{2\pi b K (h_1 - h_0)}{\ln(r_1 / r_0)} \qquad (4)$$

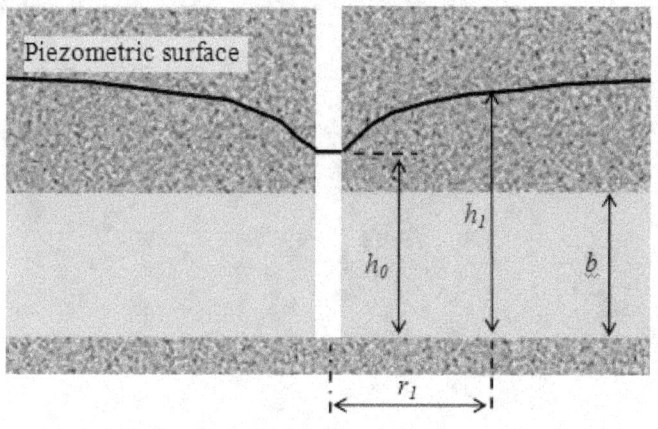

شكل (3) السريان المحصور إلى بئر.

الناقلية Transmissivity

تعرف الناقلية بأنها معدل التدفق (التصرف) الذي يمر عبر مقطع عرضه الوحدة خلال سمك الطبقة الحاملة لكل وحدة ميل هيدروليكى، ويمكن التعبير عن الناقلية كالآتى:

$$T = bK(m^2 / day) \tag{5}$$

حيث:

T : الناقلية (Transmissivity)

b : سمك الخزان

K : معامل التوصيل الهيدروليكى

وبذلك يكون:

$$Q = \frac{2\pi T (h_1 - h_0)}{\ln(r_1 / r_0)} \tag{6}$$

وعلى مسافة قدرها R (نصف قطر التأثير) يكون السطح البيزومترى فى الغالب ثابت عند إرتفاع (H)، وهذا يحدد معدل الضخ (Q) لقطر معين من البئر.

السريان غير المنتظم Unsteady Flow

يقصد بالسريان غير المنتظم تغير معدل السريان مع الزمن، كما يطلق على المعادلة ثنائية الأبعاد لسريان المياه الجوفية فى حالة السريان غير المنتظم تحت الظروف غير المحصورة لطبقة مستقيمة بمعادلة بواسون Boussinesq equation (معادلة 7).

$$\frac{\partial h}{\partial t} = \frac{K}{\eta}\left[\frac{\partial}{\partial x}\left(h\frac{\partial h}{\partial x}\right) + \frac{\partial}{\partial y}\left(h\frac{\partial h}{\partial y}\right)\right] + \frac{P}{\eta} \qquad (7)$$

حيث:

P : التسرب العميق للمياه إلى الخزان الجوفى (أو الفاقد فى التبخر — نتح)

η : المسامية

تشتمل هذه المعادلة على قيمة غير معرفة للضاغط الهيدروليكى (h) ومشتقاته من الدرجة الثانية، وتعتبر معادلات سريان المياه غير المنتظمة معقدة للغاية ولا يمكن حلها بالطرق التحليلية وقد أدى التطور فى التقنيات الحسابية طرق عددية لحل مثل هذه المعادلات.

برامج الكمبيوتر Computer Software

يوجد عديد من برامج الكمبيوتر التى تحاكى سريان المياه فى الانظمة المائية وخزانات المياه الجوفية وتشهد هذه البرامج نمواً وتطوراً سريعاً فى الأونة الأخيرة وفيما يلى بعض البرامج المشهورة الخاصة بسريان المياه الجوفية والسطحية.

(أ) نموذج سريان المياه الجوفية MODFLOW

يعتمد هذا النموذج على نظام الفرق المتناهى Finite difference وهو مصمم من قبل هيئة المساحة الجيولوجية الامريكية وهو كود كمبيوتر مصمم لحل معادلة سريان المياه الجوفية، وقد تم استخدام البرنامج من قبل المهندسين والعلماء لمحاكاة سريان المياه الجوفية من خلال خزانات المياه الجوفية، وهذا الكود برنامج مجانى مكتوب بلغة الفورتران ويمكن تشغيله من خلال نظام التشغيل DOS و الوندوز Windows أو أنظمة تشغيل أخرى مثل اليونكس Unix. وقد بدأ إنتاج البرنامج الاصلى فى عام 1980 وقد قامت هيئة المساحة الأمريكية

بانتاج أربعة اصدارات كبرى وهى متاحة الآن وتعتبر برمجيات قياسية لمحاكاة السريان بخزانات المياه الجوفية، الاصدار الأخير هو MODFLOW-2005 والذى أصدر فى 23 سبتمبر 2009. راجع الرابط التالى لمزيد من المعلومات عن هذا النموذج:

http://water.usgs.gov/nrp/gwsoftware/modflow2005/modflow2005.html

(ب) نموذج سريان المياه الجوفية وانتقال الكتلة والحرارة FEFLOW

وهو نظام سريان تحت سطحى يعتمد على طريقة العنصر المحدود Finite Element وهو برنامج كمبيوتر تجارى لمحاكاة سريان المياه الجوفية وانتقال الكتلة والحرارة فى الأوساط المسامية. ويقوم النظام بحل معادلة سريان المياه الجوفية لكل من الظروف المشبعة وغير المشبعة وأيضاً نقل الحرارة والكتلة مشتملة على تأثير كثافة الموائع والكيناتيكا الكيميائية لأنظمة التفاعل متعددة المكونات[2].

وقد تم انتاج هذا النموذج بواسطة مجموعة DHI الدانماركية (Danish Hydraulics Istitute)، ويتميز هذا النموذج بواجهة المستخدم الرسومية اذا ما تم مقارنته ببرامج محاكاة المياه الجوفية الاخرى العاملة تحت نظام التشغيل الويندوز. والبرنامج متاح فى اصدارارت 32 بت و 64 بت لانظمة التشغيل اليونكس والويندوز وقد توقف الدعم لانظمة يونكس بظهور الاصدار 5.3 حيث كان الدعم فى الاصدارات السابقة لانظمة IRIX و Tru64 و Solaris. أحدث اصدارات هذا النموذج هو FEMFLOW 5.4 ولمزيد من المعلومات عن هذا النموذج يمكن مراجعة الرابط التالى:

http://www.feflow.info

(ج) نظام النمذجة الهيدرولوجية MIKE SHE

وهو برنامج كمبيوتر تجارى تمتلكه مجموعة DHI ويعتبر نظام متكامل للنمذجة الهيدرولوجية لبناء ومحاكاة سريان المياه السطحية وسريان المياه الجوفية كما يمكنه محاكاة الأطوار الكاملة للدورة الهيدرولوجية ويتيح استخدام المكونات بطريقة منفردة وبطريقة مخصصة طبقاً للاحتياجات من النموذج، وقد نشأ هذا النموذج من قبل الهيئة الأوربية للأنظمة الهيدرولوجية

---

[2] علم الحركية الكيميائية (Chemical kinetics) هو العلم الذي يختص بدراسة معدل التغير في سرعة التفاعلات الكيميائية والعوامل المؤثرة فيها مثل الضغط ودرجة الحرارة والتركيز وطبيعة العوامل المتفاعلة والعوامل الحفازة أو المثبطة.

System Hydrologique European (SHE) وتم تطبيقة بكثرة منذ عام 1977 فصاعداً من قبل مجموعة من ثلاث منظمات هى معهد الهيدرولوجيا ببريطانيا Institute of Hydrology (the United Kingdom) و SOGREAH (France) و DHI Water.Environment.Health (Denmark)، وقد قامت DHI بعد ذلك بجهد متواصل فى تطوير ودراسة هذا النموذج حيث يمكن استخدامه فى التحليل والتخطيط والإدارة فى مدى شاسع من المشكلات البيئية وموارد المياه المتعلقة بالمياه السطحية والجوفية وخصوصاً تأثير المياه السطحية على سحب المياه الجوفية والاستخدام المشترك للمياه الجوفية والسطحية وإدارة الأراضى الرطبة وترميمها وإدارة حوض البحر والتخطيط ودراسات المردود من التغير فى استخدامات الأراضى والمناخ، وهذا النموذج متاح فى اصدارات 32 بت و 64 بت لأنظمة التشغيل ويندوز. وللاطلاع على المزيد لهذا النموذج يمكن مراجعة الرابط التالى:

http://www.dhigroup.com/Software/WaterResources/MIKESHE.aspx

اسئلة الفصل الخامس
المياه الجوفية

السؤال الأول:

ما هى الفروق الأساسية بين سريان المياه الجوفية المحصور وغير المحصور؟

السؤال الثانى:

فى بئر نصف قطرها 0.3 متر فى خزان جوفى محصور تم الضخ منها بمعدل ثابت قدره 30 لتر/ث من خلال بئر كاملة الاختراق و عندما استقر منسوب البئر على ارتفاع 85.5 متر فوق سطح المقارنة سجلت بئر الملاحظة المقامة على بعد 10 متر منسوب المياه 85.5 متر. فإذا كان سمك الخزان 20 متراً، فأجب عن الآتى:

أ) ما هو معامل التوصيل الهيدروليكى والناقلية للخزان حول البئر (مقدراً بالمتر/يوم و متر^2/يوم)؟

(الإجابة : 72.3 متر/يوم و 1452 متر^2/يوم)

ب) إذا كان هناك قرية صغيرة تقع على بعد 300 متر بعيداً عن البئر الإنتاجية، قم بتقدير تأثير البئر على السطح البيزومترى عند القرية إذا كان السطح البيزومترى قبل الضخ 90 متراً.
(الإجابة : انخفاض المنسوب بمقدار 2.5 متر)

يجب استخدام قانون دارسى بدلاً من تطبيق المعادلة (4) مباشرة.

إجابة أسئلة الفصل الخامس

المياه الجوفية

إجابة السؤال الثاني:

من قانون دارسى يمكن التعبير عن معدل الضخ (التصرف) كالآتى:

$$Q = AK \frac{dh}{ds}$$

وفى الإحداثيات القطبية

$$Q = 2\pi r b K \frac{dh}{dr}$$

وبالترتيب

$$Q = AK \frac{dh}{ds}$$

وبالتكامل بين جدار البئر (r_0) إلى (r_1)

$$\int_{85.5}^{86.5} dh = \int_{0.3}^{10} \frac{0.03}{2\pi x 20 K r} dr$$

ومن ثم فإن

$$[h]_{85.5}^{86.5} = \frac{2.39 x 10^{-4}}{K} [\ln r]_{0.3}^{10}$$

أى أن

$$1 = \frac{2.39 x 10^{-4} \ln(10/0.3)}{K}$$

وبذلك يكون معامل التوصيل الهيدروليكى:

$$K = 8.38 x 10^{-4} m/s = 72.3 m/day$$

ولخزان جوفى سمكه (b) فإن الناقلية (Transmissivity) يمكن تعريفها كالآتى:

$$T = bK = 20 x 8.4 x 10^{-4} = 0.0168 m^2/s = 1452 (m^2/day)$$

ب) من التكامل نجد أن

$$\int_{85.5}^{h_1} dh = \int_{0.3}^{300} \frac{0.03}{2\pi x 20 x 8.4 x 10^{-4} r} dr$$

103

$$h_1 - 85.5 = 0.2848 \left[\ln r \right]_{0.3}^{300}$$

$$h_1 - 85.5 = 0.2848 \ln(300 / 0.3)$$

$$h_1 = 87.5m$$

ومن ذلك فإن الانخفاض فى السطح البيزومترى عند القرية يكون 90 − 87.5 = 2.5 متراً

الفصل السادس
الهيدروجراف Hydrograph

الهيدروجراف أو المنحنى المائى هو رسم بياني يوضح التغييرات في تصريف النهر على مدى فترة من الزمن أى يمثل كيف يستجيب حوض التصريف للتساقط (شكل 1).

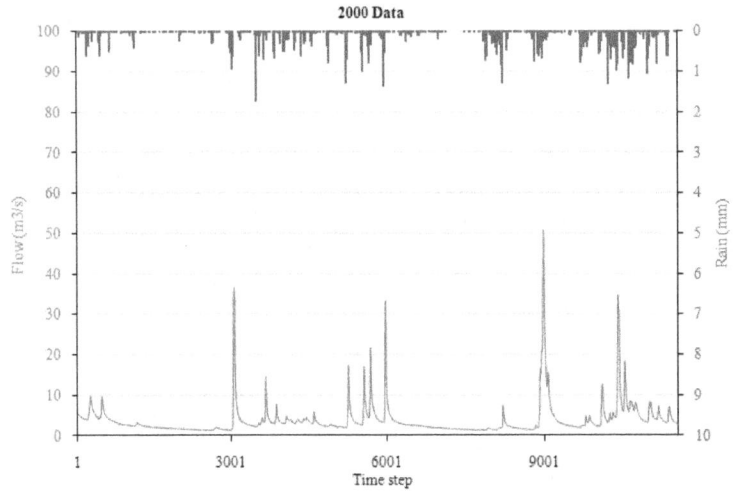

شكل (1) الهيدروجراف لنهر برو بانجلترا.

المصطلحات الأساسية Basic Terms

(أ) الجريان النهرى River Runoff

يقصد بالجريان النهرى المياه السطحية الجارية فى الأنهار فعندما تسقط الأمطار على الأرض تبدأ فى الحركة طبقاً لقانون الجاذبية ويساهم التساقط بأربعة طرق للجريان النهرى كالآتى:

(1) الجريان السطحي فوق سطح الأرض Overland surface runoff ويشمل كل التدفق الحادث فوق سطح الأرض والمياه المتساقطة مباشرة على المجرى المائى.

(2) الجريان الداخلى أو تحت السطحى (subsurface runoff) Interflow وهو جزء من السريان النهرى الناتج عن الماء المتسرب والذى يتحرك جانبياً تحت السطح حتى يتصل بالمجرى المائى.

(3) السريان القاعدى أو جريان المياه تحت سطح الأرض من المياه الجوفية Base flow
from groundwater

(4) هطول الأمطار على مجرى النهر Rainfall onto river channel

(ب) جريان فائض التسرب Infiltration excess runoff

يحدث الجريان السطحى Surface runoff عندما تكون كثافة الأمطار أكبر من معدل التسرب Infiltration rate وعادة ما يحدث سريان فائض التسرب أثناء العواصف المطرية الكثيفة وإذا كان معدل التسرب تحت سطح التربة أقل من معدل تسرب التربة الأعلى فإن جريان فائض التسرب يمكن أن يحدث تحت سطح الأرض وهذا سيؤدى إلى الجريان الداخلى مثل الجريان تحت السطحى Subsurface runoff.

(ج) جريان فائض التشبع Saturation excess runoff

عندما تكون كثافة الأمطار المتساقطة أقل من معدل التسرب فإن هطول الأمطار لفترات طويلة سوف يؤدى إلى تشبع التربة ونتيجة لذلك يتم تحرر المياه الزائدة من التربة إلى المياه الجوفية أو مجارى الأنهار.

(د) الجريان المباشر Direct runoff

يقصد بالجريان المباشر الجريان السطحى Overland surface runoff والسريان الداخلى Interflow حيث يكونا أسرع بكثير عن المياه الجوفية.

(هـ) مكونات الهيدروجراف Hydrograph components

تنقسم مكونات الهيدروجراف إلى طرف مرتفع Rising limb وطرف هابط Recession limb وذروة التدفق Peak flow كما أن الجريان السطحى المباشر والتدفق القاعدى يعتبر إنتقالى ولا يمكن تمييزه بسهولة من الهيدروجراف (شكل 2).

وهنا تجدر الإشارة إلى أن الفيضان يعبر عن ارتفاع منسوب سطح المياه فى النهر إلى مستوى أعلى من حافته مما يجعل الماء يتدفق فوق السهل الفيضى Flood plain، وتوضح الأشكال (3 إلى 6) أمثلة لفيضانات بعض الأنهار العربية مثل نهر قويق بالعراق ونهرى بردى

والشمالي الكبير بسوريا ونهر النيل بمصر.

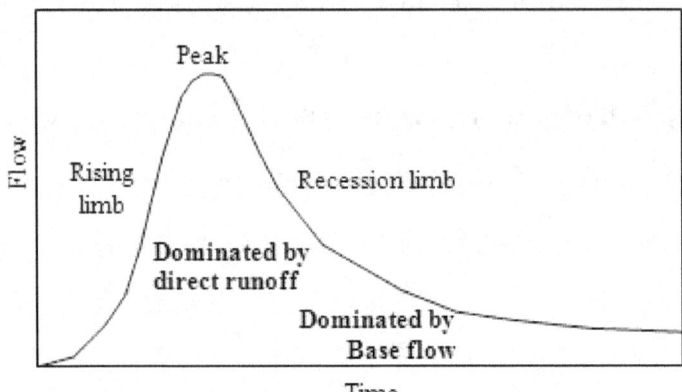

شكل (2) مكونات الهيدروجراف

شكل (3) صورة نادرة لفيضان نهر قويق بالعراق في خمسينيات القرن الماضي.
المصدر: http://www.eng–uni.com/en/t23364.html

107

شكل (4) صور نادرة لفيضان نهر بردى في مدينة دمشق بسوريا عام 1970.
المصدر: http://hamaeconomics.site-forums.com/t7798-topic

شكل (5) فيضان النهر الكبير الشمالي في اللازقية بسوريا في عام 2012م.
المصدر: -http://safirpress.com/upload/galleryimages/aleis
host.com_3310343.jpeg

شكل (6) صورة نادرة لفيضان نهر النيل فى احدى قرى مصر قبل إنشاء السد العالى (قبل عام 1968م).

المصدر: http://www.cli-egy.com/forum/showthread.php?t=4012

عزل حالات السريان Flow Event Separation

فى حسابات التوازن المائى يكون من الضرورى فصل الحالات الفردية لجريان مياه الأمطار كما هو موضح بالشكل (7) حيث المنطقة المظللة تمثل حجم التدفق الكلى والتى ليس من السهل حسابها حيث أن منحنى الركود لهذه الحالة سوف يصل إلى ما لا نهاية مع مرور الزمن، وتستخدم صيغة منحنى الركود فى الممارسات العملية لتقدير حجم المياه فإذا كان الجزء الخاص بمنحنى الركود سائداً بامدادات المياه الجوفية يمكن تقريب منحنى الركود كالآتى:

$$Q_t = Q_0 e^{-t/k} \tag{1}$$

حيث:

k: ثابت الانحسار

Q_0 : التصرف عند زمن صفر

Q_t : التصرف عند زمن معين t

109

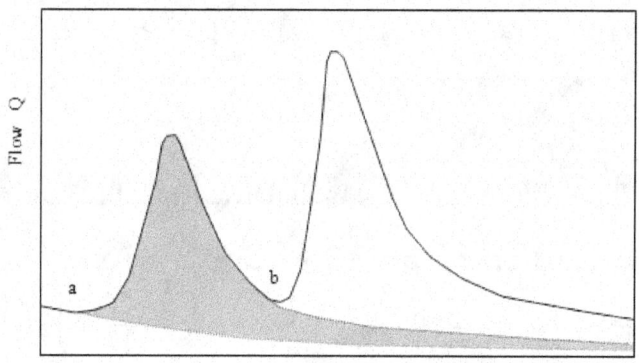

شكل (7) عزل حالات السريان

بتكامل هذه الصيغة من $t = 0$ إلى $t = \infty$ نحصل على

$$W_{ft} = \int_0^\infty Q_0 e^{-t/k} dt = \left[-kQ_0 e^{-t/k} \right]_0^\infty = kQ_0 \qquad (2)$$

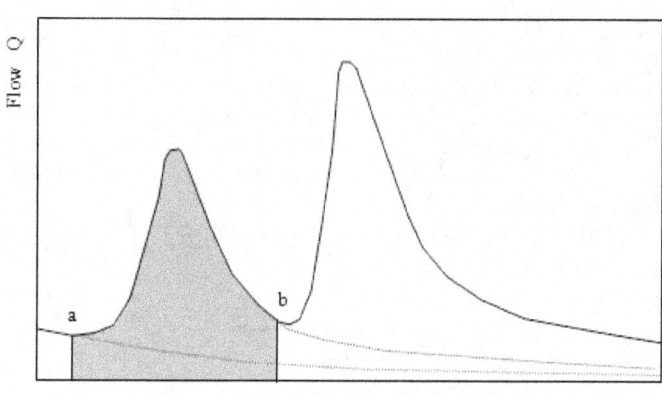

شكل (8) حساب حجم حالات السريان

ومن ثم فان حجم الجريان الكلى (الجريان المباشر والجريان القاعدى) للحالة المظللة بشكل (8) يمكن حسابه كالآتى:

$$Runoff \quad volume = A_{shaded} + K(Q_b - Q_a) \qquad (3)$$

حيث:

A_{shaded} : مساحة المنطقة المظللة تحت منحنى الحالة (a)

k : معامل الانحسار

110

(a) التصرف من الحالة : Q_b

(b) التصرف من الحالة : Q_a

عزل الجريان المباشر والسريان القاعدى

Direct Runoff and Base Flow Separation

لكل حالة سريان فإننا نحتاج إلى فصلها إلى الجريان المباشر والسريان القاعدى (شكل 9) ولكن لا توجد طرق قياسية للتفرقة بين الجريان المباشر والجريان القاعدى ولكن بمرور الوقت سيقل السريان السطحى والداخلى ويحل محلها تدريجياً المياه الجوفية، ويمكن تقدير عدد الأيام N من خلال خصائص الحوض الفعلية ويمكن استخدام معادلة لينزلى (Linsley, 1992) فى هذا الشأن (معادلة 4).

$$N(days) = 0.8A^{0.2} \tag{4}$$

حيث:

N: عدد الايام

A: مساحة حوض التصريف بالكم^2.

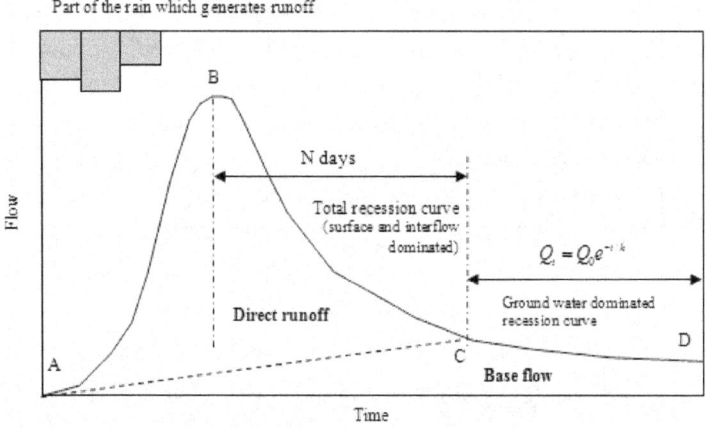

Part of the rain which generates runoff

شكل (9) فصل الجريان المباشر والجريان القاعدى من الهيدروجراف.

الخط المستقيم A–C يقسم السريان إلى الجريان المباشر والجريان القاعدى وفي الممارسة العملية يمكن تحديد الجريان القاعدى عن طريق رسم خط أفقي (أو خط مائل) على الهيدروجراف (شكل 10).

111

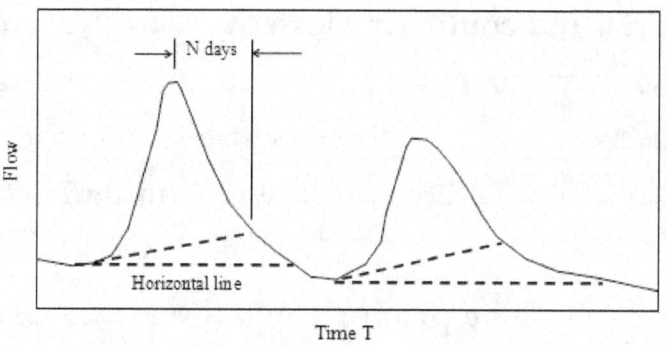

شكل (10) فصل الجريان المباشر والجريان القاعدى من كل الهيدروجراف

المطر الفعال/ صافى المطر (Net Rainfall) Effective Rainfall

المطر الفعال أو صافى المطر هو جزء من إجمالي كمية المطر التي تساهم في الجريان المباشر ويسمى الفرق بين هطول الأمطار والأمطار الفعالة بالفواقد losses وهناك عديد من الطرق لاشتقاق الأمطار الفعالة يأتى على رأسها معادلة التوازن المائي كما هو موضح أدناه.

Total effective rainfall = Direct runoff volume   (5)

(أ) طريقة معامل فاى The Φ−index method

فى هذه الطريقة يمكن اعتبار فواقد المطر ثابتة مع الزمن (شكل 11).

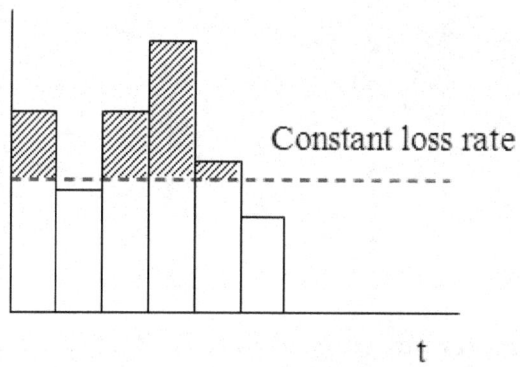

Constant loss rate

t

شكل (11) طريقة معامل فاى.

(ب) الفواقد الأولية والمستمرة The initial and continuing losses

تعزى بعض الفواقد الأولية Initial losses لاعتراض الغطاء النباتي والتخزين من سطح الأرض Land surface storage و بعد ذلك تصبح الفواقد مستمرة **Continuing losses كما هو مبين بشكل (12).**

(ج) الفواقد النسبية The proportional losses

هذه تفترض أن هناك نسبة معينة تفقد من إجمالى المطر عن طريق التبخر – نتح والتسرب ... إلخ (شكل 13).

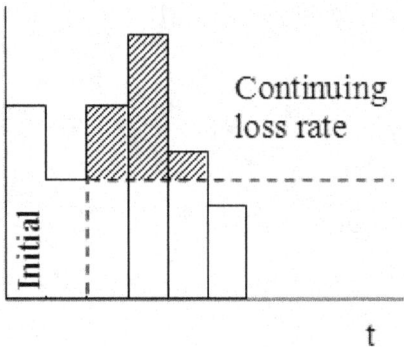

شكل (12) الفواقد الاولية والمستمرة

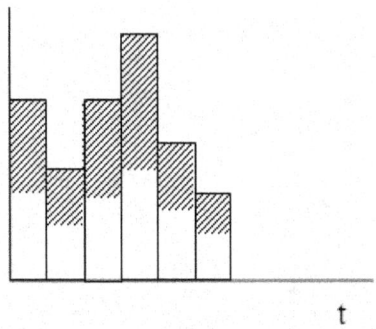

شكل (13) الفواقد النسبية.

(د) مخطط حساب رطوبة التربة Soil moisture accounting scheme

على الرغم من أن الطرق والمخططات المذكورة بسيطة وسهلة الاستخدام إلا أنها مبسطة للغاية لعمليات هطول الأمطار الفعلية Effective rainfall وما يتعلق بها من جريان سطحى

وداخلى وقاعدى، ويتزايد فى الوقت الحاضر استخدام النماذج الحسابية لحساب رطوبة التربة وتقدير الأمطار الفعالة والتى تشتمل على حسابات تتعلق بطبقات التربة والغطاء النباتى وتأثيراته مثل نماذج HEC-HMS (HEC, 2009) و Xinanjiang و PDM.

نمذجة الجريان المباشر (وحدة الهيدروجراف)
Direct Runoff Modelling (Unit Hydrograph)

مع هطول الأمطار الفعالة يمكن استخدام نموذج الوحدة الزمنى (وحدة الهيدروجراف) لنمذجة الجريان السطحي المباشر.

(أ) تعريف وحدة الهيدروجراف Unit hydrograph definition

يقصد بوحدة الهيدروجراف استجابة تدفق حوض التصريف لوحدة المطر الفعال (1 سم) على مدار فترة زمنية معينة (شكل 14)، وهناك بعض الافتراضات التى تؤخذ فى الاعتبار كالآتى:

(1) التوزيع المنتظم للمطر الفعال على كافة الحوض وخلال الفترة الزمنية لتساقط الأمطار.

(2) عملية الجريان المباشر عملية خطية تتناسب مع المطر المتساقط (أى إذا تضاعف المطر تضاعف الجريان أيضاً).

(3) عملية التساقط والجريان عملية ثابتة لا تتغير مع الزمن.

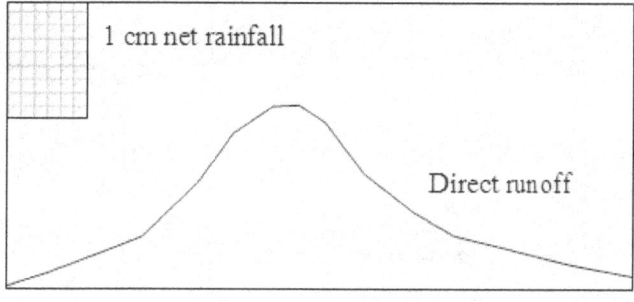

شكل (14) وحدة الهيدروجراف

كما يمكن اضافة قيم عديدة من السريان الكلى مع بعضها بسهولة من بيانات مختلفة من الأمطار كما هو مبين فى شكل (15).

114

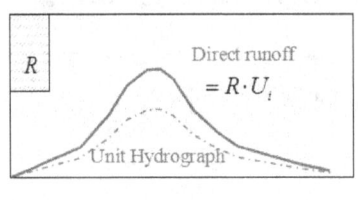

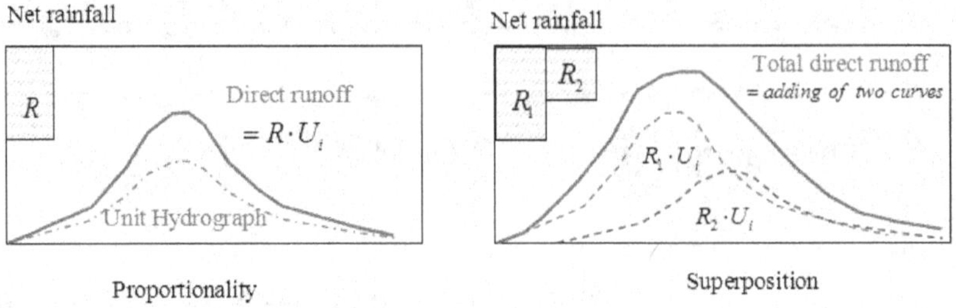

Net rainfall
R
Direct runoff
$= R \cdot U_i$
Unit Hydrograph
Proportionality
Net rainfall
R_1
R_2
Total direct runoff
= adding of two curves
$R_1 \cdot U_i$
$R_2 \cdot U_i$
Superposition

شكل (15) التراكب والتناسب Proportionality and Superposition

(ب) تطبيق وحدة الهيدروجراف Unit hydrograph application

يمكن التعبير عن الصيغة العامة لنموذج وحدة الهيدروجراف كالآتى:

$$Q_i = \sum_{m=1}^{n \le M} R_m U_{i-m+1} \qquad (6)$$

حيث:

R_m : المطر الفعال Effective rainfall

U_i : إحداثيات وحدة الهيدروجراف

Q_i : الجريان المباشر Direct runoff

M : عدد قيم المطر

تمرين:

إذا كان هناك حوض نهرى له وحدة هيدروجراف على مدار ساعتين بالإحداثيات الآتية: 0 و 3 و 11 و 35 و 55 و 66 و 63 و 40 و 22 و 9 و 2 متر^3/ث وبإفتراض أن السريان القاعدى عند الزمن (t=0 ساعة) كان 20 متر^3/ث ويتزايد بصورة خطية إلى 44 متر^3/ث عند الزمن (t=24 ساعة):

أ) احسب الهيدروجراف الناتج من حالتين متتاليتين كل منها 2 ساعة للمطر الفعال بمقدار 2.0 و 1.5 سم على التوالى.

ب) لمنع الفيضان عند منطقة المصب تم ضبط التدفق الأقصى المنبعث من الحوض إلى 180متر^3/ث، احسب الفراغ المطلوب لتخزين الماء الزائد من هذه الحالة (بالمتر المكعب).

الحل:

الجدول الآتى يبين نتائج حسابات وحدة الهيدروجراف

Time (h)	UH (m^3/s)	R_1*U(t)	R_2*U(t-2)	Base flow	Total (m^3/s)	Above 180 m^3/s
0	0	0		20	20	
2	3	6	0	22	28	
4	11	22	4.5	24	50.5	
6	35	70	16.5	26	112.5	
8	55	110	52.5	28	190.5	10.5
10	66	132	82.5	30	244.5	64.5
12	63	126	99	32	257	77
14	40	80	94.5	34	208.5	28.5
16	22	44	60	36	140	
18	9	18	33	38	89	
20	2	4	13.5	40	57.5	
22	0	0	3	42	45	
24		0	0	44	44	
						Sum of the positive area (m^3)
Rain R_1=	2	cm				
Rain R_2=	1.5	cm				1299600

UH: وحدة الهيدروجراف، R_1: المطر فى الحالة الأولى، U(t): الهيدروجراف عند الزمن (t)، R_2: المطر فى الحالة الثانية، U(t-2): الهيدروجراف عند الزمن (t-2) ، Base flow: التدفق القاعدى

والنتائج مبينة بشكل (16).

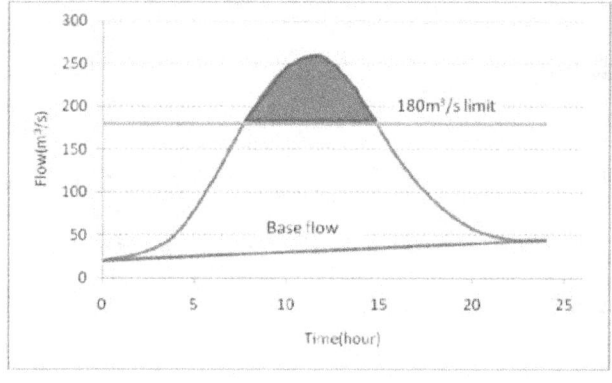

شكل (16) حالة الهيدروجراف.

(ج) تقدير وحدة الهيدروجراف **Unit hydrograph estimation**

باستخدام برامج الكمبيوتر يمكن استخدام طريقة المربعات الصغرى لتقدير وحدة الهيدروجراف من خلال المطر الفعال والجريان المباشر حيث يتم فى البداية اختيار حالات تساقط المطر والجريان من البيانات المسجلة ومنها يمكن اشتقاق المطر الفعال والجريان المباشر باستخدام الطرق السابقة كما يمكن وصف معادلة النظام الخطى كالآتى:

R.U=Q (7)

حيث يمكن تعريف كلاً من R و U و Q كالآتى:

$$R=\begin{bmatrix} R_1 & 0 & \dots & 0 & 0 \\ R_2 & R_1 & \dots & 0 & 0 \\ \vdots & \vdots & \ddots & \vdots & \vdots \\ 0 & 0 & \dots & R_M & R_{M-1} \\ 0 & 0 & \dots & 0 & R_M \end{bmatrix} \quad U=\begin{bmatrix} U_1 \\ U_2 \\ \vdots \\ U_{N-M} \\ U_{N-M+1} \end{bmatrix} \quad Q=\begin{bmatrix} Q_1 \\ \vdots \\ Q_M \\ \vdots \\ Q_N \end{bmatrix}$$

وهنا يصعب حل مثل هذه المعادلات الخطية بطريقة يدوية ولكن يمكن استخدام برامج الحاسب الآلى لحل هذه المعادلات.

(د) التغير الزمنى فى وحدة الهيدروجراف (منحنى S)

Unit hydrograph duration change (S-Curve)

يتم استخدام منحنى (S-Curve) لتحويل وحدة الهيدروجراف من فترة زمنية إلى أخرى ويمكن اشتقاق هذا المنحنى بإفتراض أن المطر مستمر وجمع كل احداثيات وحدة الهيدروجراف (شكل 17).

وهنا يتم اشتقاق وحدة هيدروجراف جديدة بفترة زمنية جديدة بازاحة المنحنى (S-Curve) إلى الفترة الزمنية الجديدة مثل ساعة أو ساعتين على سبيل المثال.

$$Q(\Delta t,t)=\frac{\Delta t_0}{\Delta t}\left[S(t)-S(t-\Delta t)\right] \qquad (8)$$

حيث:

$Q(\Delta t,t)$: وحدة الهيدروجراف الجديدة بالفترة الزمنية Δt

Δt_0 : الفترة الزمنية لوحدة الهيدروجراف الأصلى

Δt : الفترة الزمنية الجديدة

$S(t)$: المنحنى (S−Curve)

$S(t − \Delta t)$: المنحنى (S−curve) المزاح بواسطة Δt

يتم استكمال المنحنى (S−curve) إذا كان المطلوب تقدير وحدة الهيدروجراف لفترات زمنية صغيرة (شكل 18).

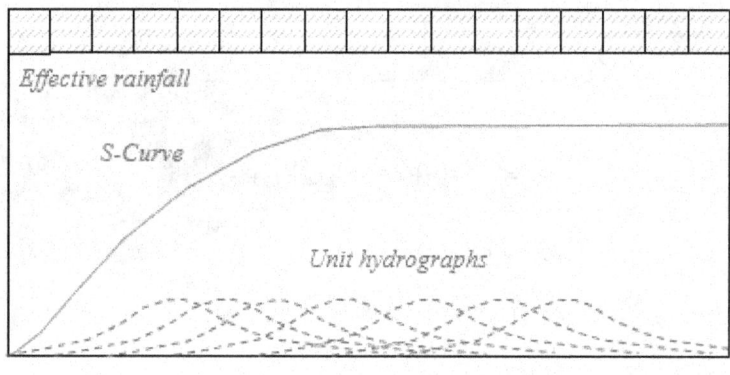

شكل (17) اشتقاق المنحنى- S.

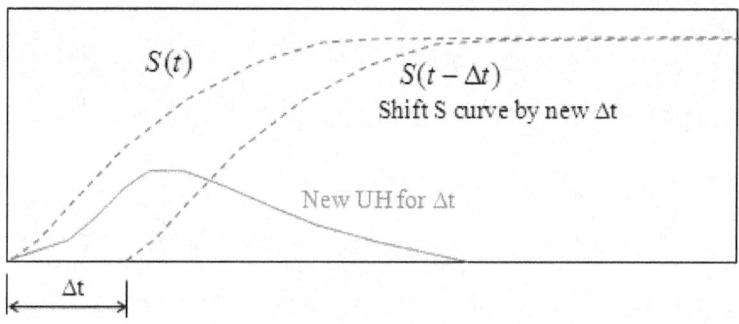

شكل (18) تغير الفترة الزمنية لوحدة الهيدروجراف

(هـ) وحدة الهيدروجراف الاصطناعية Synthetic unit hydrograph

يجب ملاحظة أن وحدة الهيدروجراف المقدرة من تسجيلات الأمطار والجريان لحوض معين يمكن تطبيقها فقط على ذلك الحوض ولتقدير وحدة الهيدروجراف للأحواض التى لا توجد لها بيانات مسجلة للأمطار والجريان يمكن استخدام وحدة الهيدروجراف الاصطناعية من خلال

118

مجموعة من المعادلات يتم الحصول عليها من تحليل الإنحدار للأحواض الأخرى المزودة بعدادات القياس فعلى سبيل المثال قام اسبل وآخرون (Espey et al, 1977) باشتقاق مجموعة من المعادلات من خلال تحليل 41 حوضاً فى الولايات المتحدة الأمريكية كالآتى (شكل 19):

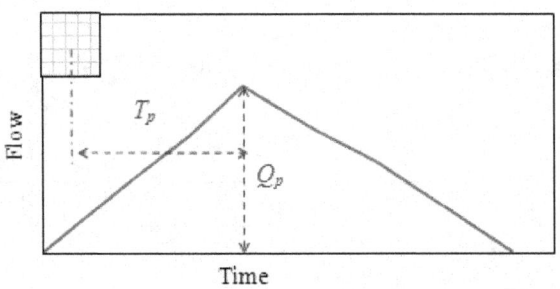

شكل (19) وحدة هيدروجراف اصطناعية

$$T_p = 3.1 L^{0.23} S^{-0.25} I^{-0.18} \Phi^{1.57} \tag{9}$$
$$\text{and} \quad Qp = 31.62 x 10^3 A^{0.96} T_p^{-1.07}$$

حيث:

L: طول المجرى الرئيسى للنهر

S: ميل المجرى الرئيسى channel slope

I: نسبة المساحة غير المنفذة

Φ : مرتبطة بخشونة المجرى channel roughness ومساحة المنطقة غير المنفذة

A: مساحة الحوض

أسئلة الفصل السادس
الهيدروجراف

السؤال الأول:

استخدم الرسوم لتوضيح كيف يتم فصل حالات السريان وبعد ذلك قسم هيدروجراف حالات السريان إلى الجريان المباشر وجريان القاعدة.

السؤال الثاني:

ما هي الافتراضات في نموذج وحدة الهيدروجراف؟

السؤال الثالث:

إذا كان حوض نهر له وحدة هيدروجراف لساعتين بالإحداثيات 0 و 3 و 11 و 35 و 55 و 66 و 63 و 40 و 22 و 9 و 2 متر^3/ث، افترض أن سريان القاعدة عند زمن (t = صفر) يساوي 50 متر^3/ث وازداد بصورة خطية إلى 74 متر^3/ث عند زمن (t = 24 ساعة).

أ) احسب الهيدروجراف الناتج من فترتين متتاليتين من المطر الفعال لمدة ساعتين بتساقط مقداره 2.0 و 3.0 سم على التوالي.

(الإجابة : 50 و 58 و 85 و 159 و 273 و 357 و 386 و 333 و 230 و 152 و 101 و 78 و 74 متر^3/ث)

ب) لمنع عملية الفيضان عند مصب النهر فإن السريان الأقصى الواجب انطلاقه من الحوض تم ضبطه عند 273 متر^3/ث، احسب الفراغ المطلوب لتخزين المياه الفائضة في هذه الحالة (بالمتر المكعب).

(الإجابة : حوالي 1.85 مليون متر^3)

السؤال الرابع:

قم باشتقاق وحدة هيدروجراف 1 سم لساعتين من بيانات المنحنى-**S** المبينة بالجدول الآتى:

Time (hour)	0	1	2	3	4	5	6	7	8...
$S(t)$ (m^3/s)	0	16	226	301	341	361	371	376	376

(الإجابة : 0 و 8 و 113 و 142.5 و 57.5 و 30 و 15 و 7.5 و 2.5 و صفر متر^3/ث)

إجابة أسئلة الفصل السادس

الهيدروجراف

إجابة السؤال الثالث:

الحسابات موضحة بالجدول الآتي:

Time (h)	UH (m^3/s)	R1*UH(t)	R2*UH(t-2)	Base flow	Total (m^3/s)	Above 273 m^3/s
0	0	0		50	50	–223
2	3	6	0	52	58	–215
4	11	22	9	54	85	–188
6	35	70	33	56	159	–114
8	55	110	105	58	273	0
10	66	132	165	60	357	84
12	63	126	198	62	386	113
14	40	80	189	64	333	60
16	22	44	120	66	230	–43
18	9	18	66	68	152	–121
20	2	4	27	70	101	–172
22	0	0	6	72	78	–195
24		0	0	74	74	–199
						Sum of the positive area (m^3)
Rain R1=	2	cm				
Rain R2=	3	cm				1850400

122

إجابة السؤال الرابع:

من المعادلة $Q(\Delta t,t)=\frac{\Delta t_0}{\Delta t}\left[S(t)-S(t-\Delta t)\right]$

و $\Delta t = 2$ hour و $\Delta t_0 = 1$ hour نجد أن

Time (hour)	S(t) (m^3/s)	S(t-2)	UH (2 hour)
0	0		0
1	16		8
2	226	0	113
3	301	16	142.5
4	341	226	57.5
5	361	301	30
6	371	341	15
7	376	361	7.5
8	376	371	2.5
	376	376	0

الفصل السابع
توجيه التدفق Flow Routing

توجيـه التـدفق عبـارة عـن اجـراء لتقـدير الهيدروجراف عنـد منطقـة مـصب حـوض النهـر مـن الهيدروجراف عند المنبع (شكل 1) حيث تم استخدام توجيه التدفق على نطاق واسع في تقدير الفيضانات ولذلك يسمى توجيه التدفق بتوجيه الفيضان حيث يتم تباطؤ الهيدروجراف بوقت تباطؤ Time lag وبذلك يتم اخماده Attenuated وينقسم توجيه التدفق إلى توجيه تدفق النهر River flow routing وتوجيه تدفق الخزان Reservoir flow routing.

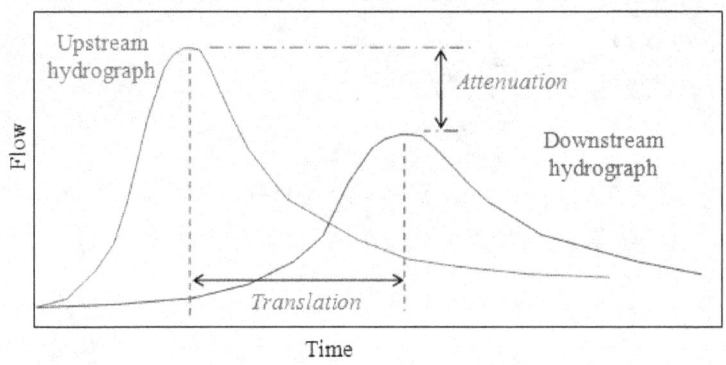

شكل (1) توجيه التدفق

المعادلات الأساسية Basic Equations

من خلال قانون بقاء المادة فإن التوازن المائي للنظام الموضح بشكل (2) يمكن التعبير عنه كالآتي:

$$I - O = \frac{ds}{dt}$$

(1)

حيث:

I: التدفق الداخل Upstream inflow عند المنبع

O: التدفق الخارج عند المصب Downstream outflow

S: التخزين Storage للخزان أو النهر

124

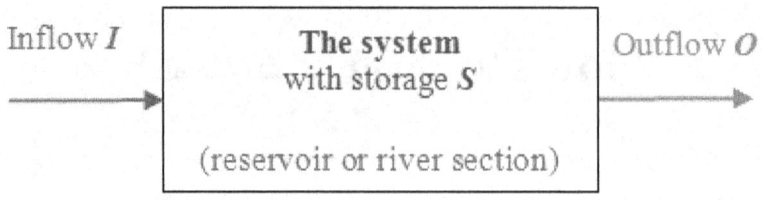

شكل (2) نظام توجيه التدفق.

ومن الناحية العملية فإنه يجب استخدام صيغة الفرق المتناهى Finite difference
للمعادلة (1) خلال الفترة الزمنية Δt كما يجب استخدام متوسط قيم التدفق الداخل
Inflow والخارج Outflow بدلاً من القيم اللحظية (معادلة 2).

$$\frac{I_1 + I_2}{2} - \frac{O_1 + O_2}{2} = \frac{S_2 - S_1}{\Delta t} \qquad (2)$$

حيث:

$S_2 - S_1$: التغير فى التخزين خلال الفترة الزمنية Δt

$(I_1 + I_2)/2$: متوسط التدفق الداخل خلال الفترة الزمنية Δt

$(O_1 + O_2)/2$: متوسط التدفق الخارج خلال الفترة الزمنية Δt

ولتقدير التدفق الخارج عند المصب يجب استخدام دالة التخزين التى تربط بين
المدخلات والمخرجات كالآتى:

$$S = f(I, O) \qquad (3)$$

حيث:

S : التخزين

f : دالة التخزين

I : التدفق الداخل

O : التدفق الخارج

وعندئذ يكون من الممكن حل التدفق الخارج باستخدام المعادلة (2) و(3).

(أ) معادلة التدفق الخارج The outflow equation

دالة التخزين Storage function للنهر تكون مرتبطة بكلا من التدفق الداخل والخارج كالآتى:

$$S = K[XI + (1-X)O] \qquad (4)$$

حيث:

K : ثابت زمن التخزين storage time constant

X : معامل وزني weighing factor يعبر عن درجة الإخماد للفيضان Degree of attenuation وهو يتراوح بين 0 إلى 0.5 وعادة يكون حول 0.2.

I : التدفق الداخل

O : التدفق الخارج

ومن معادلة التوازن المائى نجد أن:

$$\frac{I_1 + I_2}{2} - \frac{O_1 + O_2}{2} = \frac{S_2 - S_1}{\Delta t}$$

أى أن:

$$\frac{I_1 + I_2}{2} - \frac{O_1 + O_2}{2} = \frac{K[XI_2 + (1-X)O_2] - K[XI_1 + (1-X)O_1]}{\Delta t}$$

وبتبسيط هذه المعادلة نحصل على معادلة مسكنجوم Muskingum equation كالآتى:

$$O_2 = C_0 I_2 + C_1 I_1 + C_2 O_1 \qquad (5)$$

حيث يمكن تعريف كلاً من C_0 و C_1 و C_2 كالآتى:

$$C_0 = (0.5\Delta t - KX)/D$$
$$C_1 = (KX + 0.5\Delta t)/D$$
$$C2 = (K - KX - 0.5\Delta t)/D$$

ويمكن تعريف D كالآتى:

$$D = K - KX + 0.5\Delta t$$

يجب التحقق من أن مجموع C_o و C_1 و C_2 يساوى 1

$$C_0 + C_1 + C_2 = 1$$

أما إذا كان مجموع هذه المعاملات لا يساوى 1 ففى هذه الحالة يجب ضبط بعض المعاملات وإذا كان هناك أخطاء تقريب يتم ضبط القيمة الكبيرة أولاً.

وحيث أن كلاً من I_1 و I_2 و O_1 معروفة لكل خطوة زمنية Time step يتم حل O_2 للفترات الزمنية المتتالية باستخدام كل O_2 على انها O_1 للخطوة الزمنية التالية ويتم افتراض أن O_1 هى نفسها I_1 إذا لم تعطى فى البداية.

تمرين:

قم بتقدير الهيدروجراف عند مصب الحوض باستخدام طريقة مسكينجوم Muskingum equation حيث K = 3 ساعة و X = 0.3 والخطوة الزمنية 3 ساعات علماً بأن الهيدروجراف عند المنبع كالآتى:

Time (*hr*)	0	3	6	9	12	15	18
I (m^3/s)	1	3	9	15	13	10	6

الحل:

حساب المعاملات الرئيسية

$$D = 3 - 3x0.3 + 0.5x3 = 3.6$$

$$C_0 = (0.5x3 - 3x0.3)/3.6 = 0.17$$

$$C_1 = (3x0.3 + 0.5x3)/3.6 = 0.67$$

$$C_2 = (3 - 3x0.3 - 0.5x3)/3.6 = 0.17$$

التحقق عما إذا كان $C_0 + C_1 + C_2 = 1$

$$0.17 + 0.67 + 0.17 = 1.01$$

ومن هنا نغير $C_1 = 0.66$ (تغيير الوزن الأكبر)

ومن معادلة التوجيه يمكن حساب التدفق الخارج كالآتي :

Time (h)	0	3	6	9	12	15	18
$I\,(\mathrm{m^3/s})$	1	3	9	15	13	10	6
$O\,(\mathrm{m^3/s})$	1	1.3	3.7	9.1	13.7	12.6	9.8

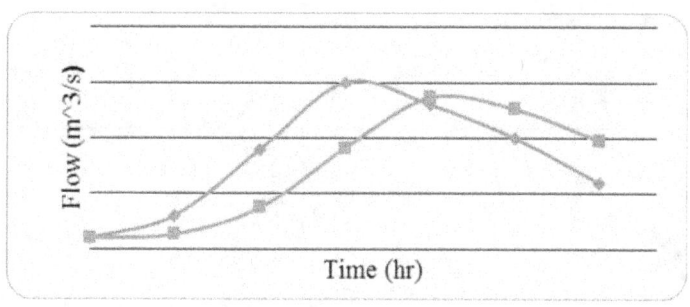

الشكل (3) نتائج توجيه مسكنجوم.

(ب) تقدير ثابت زمن التخزين والمعامل الوزني Estimation of K and X

إذا لم يكن هناك سجلات خاصة بالتدفق عند المصب يتم تقدير قيمة المعامل K من خلال زمن العبور في النهر بناءً على ميل طبقة القاع River bed slope والمقطع العرضى Cross section للنهر وعادة ما يفترض قيمة X على أنها تساوى 0.2 أما إذا كان هناك سجلات عن التدفق عند المصب يمكن اشتقاق قيمة كلاً من K و X أكثر دقة من خلال تطبيق الاجراءات التالية.

من المعادلة (4) $S = K\left[XI + (1-X)O\right]$ ومن ثم نجد أن S و $\left[XI + (1-X)O\right]$ تتميز بعلاقة خطية وميلها يكون K كما يمكن ايجاد التخزين S storage بتجميع $(I_{mean} - O_{mean})$ من كل خطوة زمنية $S_t = \sum_{i=1}^{t} \bar{I}_i - \bar{O}_i$ كما هو موضح بشكل (4) ومن حسابات $\left[XI + (1-X)O\right]$ استخدم فقط القيم اللحظية.

128

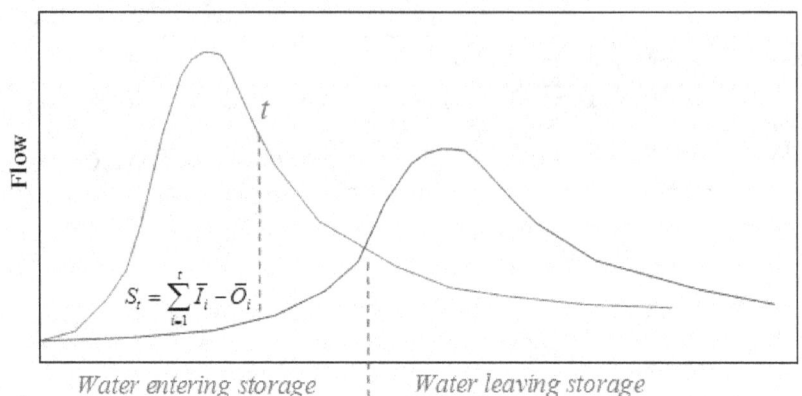

t
$S_t = \sum_{i=1}^{t} \bar{I}_i - \bar{O}_i$
Water entering storage
Water leaving storage

شكل (4) حسابات التخزين.

جدول (1) تقدير ثابت زمن التخزين (K) والمعامل الوزني (X).

Time (hr)	I (m^3/s)	O (m^3/s)	S	X=0.2	X=0.3	X=0.25
0	31	31	0	31.0	31.0	31.0
6	50	27	11.5	31.6	33.9	32.8
12	86	25	53.5	37.2	43.3	40.3
18	123	30	130.5	48.6	57.9	53.3
24	145	44	227.5	64.2	74.3	69.3
30	150	63	321.5	80.4	89.1	84.8
36	144	82	396	94.4	100.6	97.5
42	128	97	442.5	103.2	106.3	104.8
48	113	106	461.5	107.4	108.1	107.8
54	95	111	457	107.8	106.2	107.0
60	79	111	433	104.6	101.4	103.0
66	65	108	395.5	99.4	95.1	97.3
72	55	101	351	91.8	87.2	89.5
78	46	94	304	84.4	79.6	82.0
84	40	85	257.5	76.0	71.5	73.8
90	35	77	214	68.6	64.4	66.5
96	31	70	173.5	62.2	58.3	60.3
102	27	63	136	55.8	52.2	54.0
108	25	56	102.5	49.8	46.7	48.3

114	24	50	74	44.8	42.2	43.5
120	23	45	50	40.6	38.4	39.5
126	22	41	29.5	37.2	35.3	36.3

I: التدفق الداخل، O: التدفق الخارج، S: التخزين، X: المعامل الوزنى

النتائج من جدول (1) موقعة فى شكل (5).

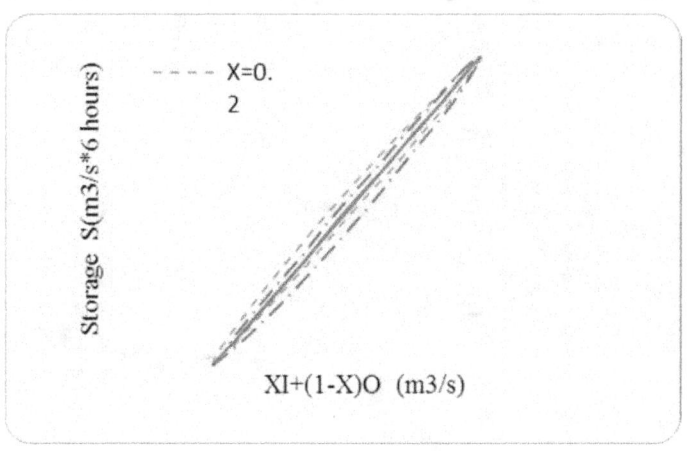

شكل (5) مخطط حلقات التخزين Storage loop diagram

من الشكل (5) يتضح أن المنحنى (X = 0.25) يتميز بحلقات أضيق وميل الخط يساوى (6) وحيث أن الخطوة الزمنية 6 ساعات لذلك نجد أن (K = 6 x 6 ساعات = 36 ساعة) كما أن تقاطع الخط مع المحور الأفقى لا يساوى صفر بسبب القيمة المبدئية للتخزين حيث تم وضعها عند صفر بدلاً من 31 وهذا لا يعد مشكلة حيث أننا مهتمين بالميل فقط.

توجيه تدفق الخزان Reservoir Flow Routing

فى حالة الفيضانات التى فى طريقها إلى الخزان فإنه يفترض أن منسوب المياه فى الخزان أفقى وفى هذه الحالة فإن دالة التخزين يمكن ربطها مع منسوب المياه بالخزان كالآتى:

$$S = f(h) \qquad (6)$$

حيث:

S : التخزين

f : دالة التخزين

h : منسوب المياه فى الخزان

وهذه الدالة يمكن إيجادها من خلال الخريطة الطبوغرافية وحيث أن التخزين أسفل قمة المفيض لا تلعب أى دور فى عملية توجيه التدفق فإنه يؤخذ فى الاعتبار التخزين فوق قمة المفيض فقط.

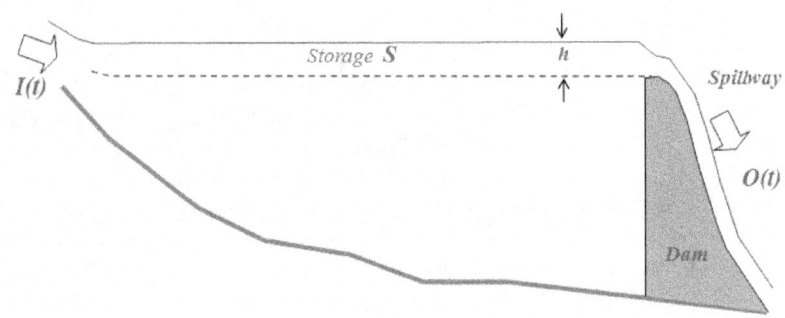

شكل (6) توجيه فيضان الخزان.

من خلال شكل رقم (6) فإن التخزين فوق قمة المفيض spillway crest يكون دالة فى الارتفاع (h) أيضاً كالآتى:

$$O = Cbh^{1.5} \tag{7}$$

حيث:

C : معامل التصرف Discharge coefficient

b : عرض قمة المفيض

من المعادلة (2) نجد ان:

$$I_1 + I_2 - O_1 + \frac{2S_1}{\Delta t} = \frac{2S_2}{\Delta t} + O_2 \tag{8}$$

وفى المعادلة (8) فإن القيم المعلومة تقع على الجانب الأيسر والقيم غير المعروفة على الجانب الأيمن أما حساب الخطوة الزمنية فعادة يعبر عنها كالآتى:

$$\Delta t \approx \frac{\text{Duration of the inflow rising limb}}{5} \qquad (9)$$

وحيث أن المعادلة (8) ليست معادلة خطية فإنه يمكن حل التدفق الخارج إما بالطريقة البيانية Graph method أو باستخدام برامج الحاسب الآلى، ولاستخدام الطريقة البيانية يتم رسم منحنى من المعادلة التالية كما هو مبين فى شكل (7).

$$RS = \frac{2S}{\Delta t} + O \qquad (10)$$

حيث:

RS : الجانب الأيمن من المعادلة (8)

O : التدفق الخارج

ولكل فترة زمنية يتم استخدام المعادلة (8) لاشتقاق قيمة الجانب الأيمن وعندئذ يمكن إيجاد التدفق الخارج (O) من المنحنى كما فى شكل (7).

ويوضح شكل (8) توجيه تدفق الخزان النموذجى حيث تم إخماد قمة التدفق الخارج بواسطة الخزان وهنا تم إضعاف خطر الفيضان عند المصب.

$$LS = I_1 + I_2 - O_1 + \frac{2S_1}{\Delta t} = 300$$

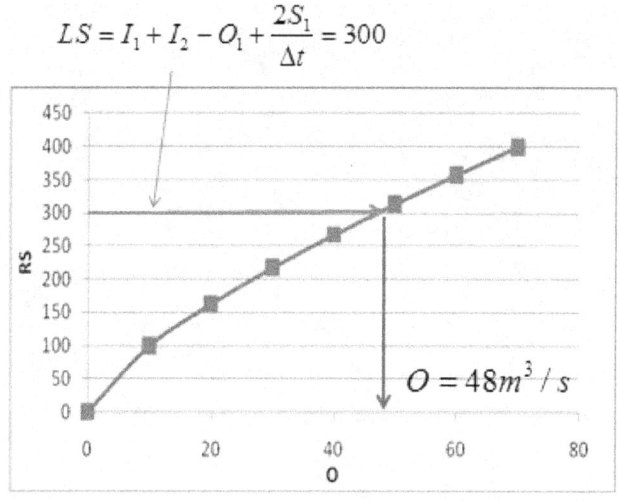

شكل (7) منحنى RS مع التدفق الخارج (O).

LS : الجانب الأيسر من المعادلة (8)

132

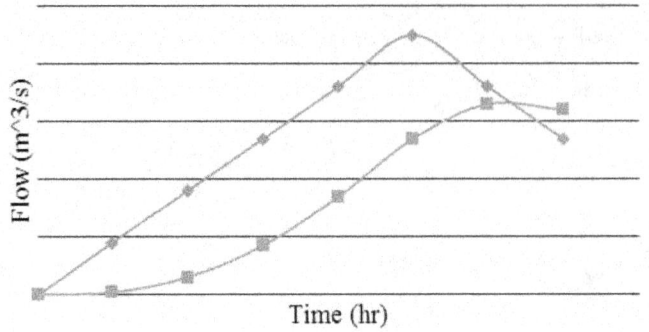

شكل (8) نتائج توجيه تدفق الخزان

أسئلة الفصل السابع

توجيه السريان

السؤال الأول:

تم اختيار طريقة مسكنجوم لتوجيه التدفق للتنبوء بحركة الفيضان عند نقطة تبعد 30 كم إلى المنبع من مركز سكني وقد قام المهندسون بتقدير معاملات مسكنجوم (K) و (X) لهذا النهر وكانت 10 ساعات و 0.15 على التوالي، فإذا تم قياس الفيضان عند المنبع كل 6 ساعات بداية من الساعة التاسعة وكانت التدفقات المسجلة 25 و 35 و 50 و 140 و 130 و 90 و 80 و 50 و 30 و 25 متر/ث^3 خلال الستين ساعة الأولى وكان التدفق 25 متر^3/ث بعد ذلك فقم بحساب ذروة التدفق عند المدينة السكنية والوقت الزمني الذى ستحدث عنده ذروة التدفق؟

(الإجابة : 113 متر^3/ث و 36 ساعة مؤخراً)

السؤال الثاني:

إذا تم توجيه التدفق الداخل لهيدروجراف على شكل مثلث إلى خزان وبإفتراض أنه ممتلء تماماً عند بداية التدفق وإذاكان عرض قمة المفيض 20 متراً ولها معامل مقداره 2.7 وإذا كانت مساحة الخزان 0.5 كم^2 وله جوانب عمودية فاحسب أقصى تدفق خارج وأقصى ارتفاع للمياه فى الخزان أثناء هذه الحالة من التدفق.

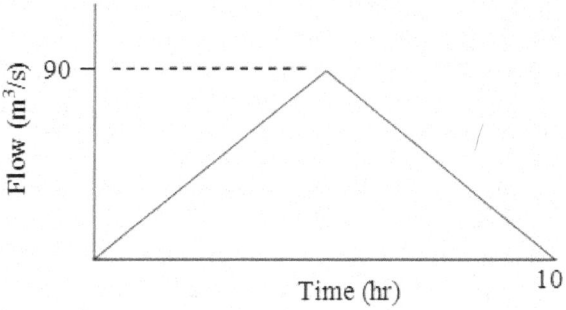

(الإجابة : 66 متر^3/ث و 1.14 متر)

إجابة أسئلة الفصل السابع

توجيه السريان

إجابة السؤال الأول:

حساب المعاملات الرئيسية كالآتى:

$$D = K - KX + 0.5\Delta t = 10 - 10x0.15 + 0.5x6 = 11.5$$
$$C_0 = (0.5\Delta t - KX)/D = (0.5x6 - 10x0.15)/11.5 = 0.13$$
$$C_1 = (KX + 0.5\Delta t)/D = (10x0.15 + 0.5x6)/11.5 = 0.39$$
$$C_2 = (K - KX - 0.5\Delta t)/D = (10 - 10x0.15 - 0.5x6)/11.5 = 0.48$$

التحقق عما إذا كان $C_0 + C_1 + C_2 = 1$

وحيث أن $0.13 + 0.39 + 0.48 = 1$ فهى صحيحة

ومن معادلة التوجيه نجد أن:

$$O_2 = C_0I_2 + C_1I_1 + C_2O_1$$

ومن ثم فإن:

$$O_2 = 0.13I_2 + 0.39I_1 + 0.48O_1$$

وبذلك يمكن حساب التدفق الخارج كالآتى:

Time	0	6	12	18	24	30	36	42	48	54	60
I	25	35	50	80	140	130	90	80	50	30	25
O	25	26	33	46	71	106	113	100	86	64	46

ومن خلال هذه النتائج نجد أن ذروة التدفق تكون 113 متر^3/ث وتحدث بعد 36 ساعة.

إجابة السؤال الثانى:

زمن الانتقال (الوصول) **Travel time** (الفترة الزمنية للتدفق الداخل للطرف الصاعد)5/ = 1 ساعة.

ومن هنا نجد أن:

$$\Delta t = 1 \ (hr) = 3600 \ (s)$$

وهنا نجد أن:

$$h = (O/54)^{2/3}$$

دالة التخزين (S) تكون كالآتى:

$$S = 500000h$$

بضم دوال التفريغ والتخزين

$$S = 500000(O/54)^{2/3} = 34951O^{0.667}$$

ومن التوازن المائى يكون:

$$\frac{I_1 + I_2}{2} - \frac{O_1 + O_2}{2} = \frac{S_2 - S_1}{\Delta t}$$

لذلك فإن:

$$I_1 + I_2 - O_1 - O_2 = 19.4O_2^{0.667} - 19.4O_1^{0.667}$$

وبالترتيب نحصل على:

$$I_1 + I_2 - O_1 + 19.4O_1^{0.667} = O_2 + 19.4O_2^{0.667}$$

والرسم البيانى الآتى للجانب الأيمن

$$RS = O_2 + 19.4O_2^{0.667}$$

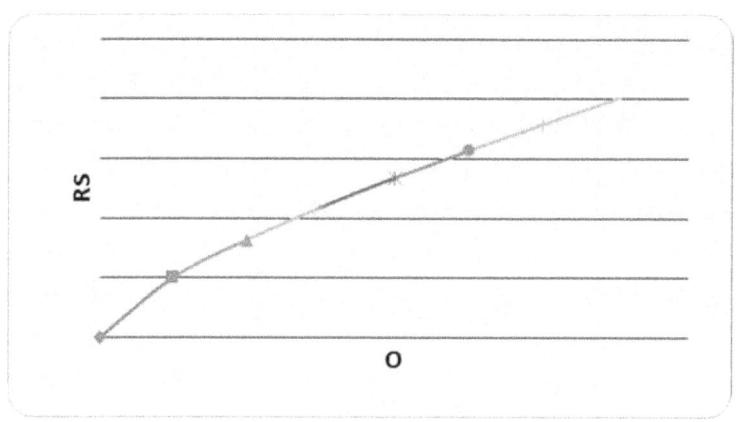

136

قيم التدفق الداخل يمكن حسابها كالآتي:

Time	0	1	2	3	4	5	6	7	8	9	10
I	0	18	36	54	72	90	72	54	36	18	0
O	0										

وباستخدام المعادلة $RS = LS = I_1 + I_2 - O_1 + 19.4 O_1^{0.667}$ لإيجاد قيمة الجانب الأيمن واحدة بواحدة يمكن التحقق من الشكل البياني للحصول على التدفق الخارج (مرة أخرى واحدة بواحدة) ويتم التوقف عن الحساب عند الوصول إلى القمة ويوضح الجدول الآتي النتائج التي تم حسابها باستخدام برامج الحاسب الآلي والتي يمكن أن تختلف قليلاً عن النتائج التي يمكن اشتقاقها من الرسم البياني.

Time	0	1	2	3	4	5	6	7	8	9	10
I	0	18	36	54	72	90	72	54	36	18	0
RS		18	70	148	239	332	385	377			
O	0	0.8	6.0	17	34	54	66	64			

ومن هذه البيانات فإن ذروة التدفق الخارج تكون 66 متر^3/ث وأقصى ارتفاع للمياه بالخزان يحسب كالآتي:

$$h = (O/54)^{2/3} = (66/54)^{2/3} = 1.14m$$

الفصل الثامن

القياسات الهيدرولوجية Hydrological Measurements

تستخدم القياسات الهيدرولوجية للحصول على البيانات الخاصة بالعمليات الهيدرولوجية المختلفة حيث تعتمد المشروعات الهندسية العملية والبحث الأكاديمى على البيانات الهيدرولوجية للتحقق من النماذج الهيدرولوجية المختلفة.

المصطلحات الأساسية Basic terms

تتفاوت العمليات الهيدرولوجية من مكان إلى أخر ومن وقت إلى أخر وبالرغم من أنها عمليات مستمرة إلا أنها تقاس عادة عند نقاط محددة وفى فترات زمنية معينة، وفيما يلى بعض المعلومات ذات الصلة بالقياسات الهيدرولوجية.

(أ) السلاسل الزمنية Time series

السلسلة الزمنية عبارة عن تتابع معين من البيانات التى تم قياسها فى أوقات متتالية وعلى فترات زمنية منتظمة مثل بيانات الأمطار المقاسة من خلال عدادات قياس المطر فى موقع معين.

(ب) النطاق الزمنى Time domain

يقصد بالنطاق الزمنى تحليل السلاسل الزمنية الهيدرولوجية بالنسبة إلى الزمن حيث يبين الرسم البيانى للنطاق الزمنى كيف تتغير العمليات الهيدرولوجية مع الزمن وتعتمد على استخدام أدوات إحصائية مثل تحليل الارتباط الذاتى Auto-correlation وتحليل الارتباط العرضى Cross-correlation.

(ج) النطاق التكرارى Frequency domain

يبين الرسم البيانى الخاص بالنطاق التكرارى كم من السلسلة الزمنية يقع داخل كل حزمة تكرارية معينة عبر مجموعة من التكرارات وتشمل أدوات التكرار التحليل الطيفى Spectral analysis وتحليل المويجات Wavelet analysis.

(د) البيانات المكانية Spatial data

تتميز البيانات المكانية باحتوائها على شكل معين من أشكال الإرجاع الجغرافى والذى يجعلها

قادرة على أن توجد فى بعدين أو ثلاث أبعاد فى الفراغ مثل صور الأقمار الصناعية حيث يمكن التعامل معها وإجراء التحاليل المكانية باستخدام نظم المعلومات الجغرافية Geographic Information Systems (GIS).

(هـ) السلاسل الزمنية المكانية Spatial time series

السلاسل الزمنية المكانية عبارة عن مجموعة من السلاسل الزمنية ذات الإرجاع الجغرافى Geographic reference مثل البيانات المسجلة من شبكة من أجهزة قياس المطر تمثل نموذج للسلاسل الزمنية المكانية.

(و) التشويش Aliasing

ويقصد به التأثير الذي يتسبب في جعل الإشارات المختلفة Signals لا يمكن تمييزها عند أخذ العينات وفى مثل هذه الحالات فإن التشويش يمكن أن يحدث عندما تكون الإشارات الناتجة من البيانات مختلفة عن الإشارات الأصلية المتصلة.

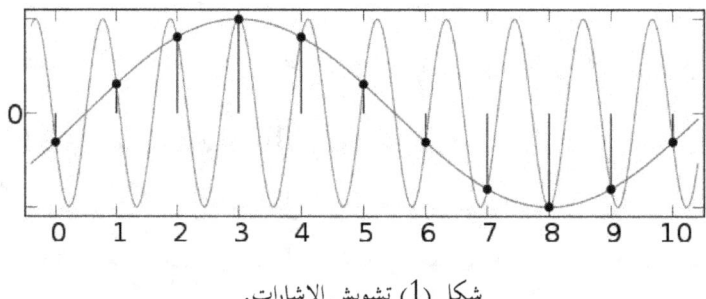

شكل (1) تشويش الاشارات.

(ز) تردد نيكوست Nyquist frequency

يمكن إعادة البناء الجيد للإشارة عندما يكون تكرار أخذ العينات أكبر بمرتين عن الحد الأعلى للتردد للإشارة المزمع أخذها فعلى سبيل المثال إذا كان هناك إشارة الحد الأعلى للحزمة هو 100 هرتز فإن تردد عينة أكبر من 200 هرتز سوف يتفادى التشويش ويسمح بإعادة الهيكلة الجيدة من الناحية النظرية أما إذا كان المطلوب أخذ عينات بمعدل أقل يجب استخدام مرشح مضاد للتشويش Anti-aliasing filter.

Land based measurements القياسات الأرضية

(أ) عدادات قياس المطر Rain gauges

يتم تسجيل الأمطار بواسطة نوعين من عدادات قياس الأمطار هما عداد قياس المطر العادى Nonrecording gauge و عداد قياس المطر الآلى Recording gauge، عداد المطر العادى عبارة عن وعاء لتخزين مياه الأمطار يتم قراءته بطريقة يدوية على فترات زمنية متباعدة (يوميا، أسبوعياً، .. إلخ). وعلى النقيض من ذلك فإن العدادت الآلية تقوم بتسجيل عمق المطر بطريقة آلية على فترات زمنية دقيقة (متاحة على 15 دقيقة أو ساعة)، وهناك أنواع عديدة من عدادات قياس المطر الآلية مثل عداد قياس المطر ذو الوعاء القلاب Tipping bucket gauge و عداد قياس المطر ذو العوامة الطافية Float gauge و عداد قياس المطر ذو الميزان Weighing gauge وعداد قياس المطر الضوئى Optical gauge ، .. إلخ)، ويعتبر العداد ذو الوعاء القلاب أكثر العدادات استخداماً بسبب انخفاض تكلفته ومصداقيته العالية (شكل 2 إلى 5).

يعتبر عداد قياس المطر أكثر دقة من الأجهزة الأخرى مثل رادار الطقس Weather radar والأقمار الصناعية Satellites ولكنه يمكنه قياس المطر فى أماكن محددة فقط ويتأثر بالرياح وأوراق الأشجار المتساقطة وغيرها من العوامل البيئية.

شكل (2) عداد قياس مطر عادى (إلى اليسار) وعداد آلى أو الوعاء القلاب (إلى اليمين) المستخدمة فى المملكة المتحدة.

شكل (3) عداد قياس المطر ذو الوعاء القلاب.

المصدر: http://switches-indicators-gauges.seotechnologies.com.au/wp-content/uploads/2010/10/tipping-bucket-rain-gauge.jpg

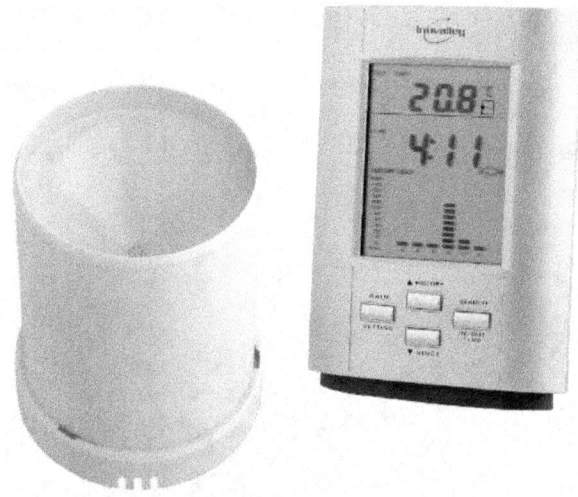

شكل (4) عداد قياس مطر لاسلكى.

المصدر:
http://www.gamesgadgetsnmore.co.uk/ggmshop/images/wireless_rain_guage.jpg

شكل (5) عداد قياس المطر الضوئى.

المصدر:

http://www.rap.ucar.edu/projects/marshall/pics/ETI_Optical_Rain_Detector_26May00_web.jpg

(ب) وسادة الجليد Snow pillow

تعمل وسادة الجليد على قياس الماء المكافىء لألواح الجليد Snow pack على أساس ضغط الجليد على وسادة من البلاستيك.

(ج) وعاء التبخر Evaporation pan

يتم استخدام وعاء التبخير للإحتفاظ بالمياه أثناء إجراء الملاحظات لتحديد التبخر فى مكان معين.

(د) الليزيميتر (مقياس التبخر - نتح) Lysimeter

يستخدم جهاز الليزيميتر لقياس التبخر - نتح ويتكون من حوض من التربة تزرع به النباتات لمحاكاة الغطاء الأرضى المحيط بها ويتم قياس كمية التبخر - نتح عن طريق التوازن بين وزن المياه من المدخلات والمخرجات من الماء فى الجهاز.

(هـ) هدار النهر/السيال River weir/flume

يمكن قياس التصرف في الأنهار صغيرة الحجم إلى المتوسطة من خلال هدار weir أو سيال

flume (شكل 6) حيث يتم قياس عمق المياه عند المنبع من الهدار أو السيال ويتم اشتقاق التصرف من معادلة الطاقة، وفى حالة الأنهار الكبيرة يتم قياس منسوب المياه ويتم حساب التصرف من منحنيات معدلات التصرف المعايرة.

(و) مجسات رطوبة التربة Soil moisture sensors

تقوم مجسات رطوبة التربة بقياس محتوى المياه فى التربة وهناك ثلاثة انواع من مجسات استشعار رطوبة التربة تستخدم على نطاق واسع وتشمل مجسات استشعار السعة Capacitance sensors ومقياس التوتر السطحى Tensiometer ومجس النيترون Neutron probe وكل هذه الأجهزة يلزمها معايرة للأنواع المختلفة من التربة.

(1) يقوم مقياس التوتر السطحى بقياس مباشر للتوتر السطحى حيث يشتمل هذا الجهاز على أنبوبة مملوءة بالمياه وتكون مغلقة عند أحد طرفيها ومزودة بمرشح خزفى مسامى عند النهاية الأخرى وعندما يتم دفنها فى التربة تسمح للمياه بالمرور من خلالها بطلاقة ولا تسمح بمرور الهواء وتقوم عملية شد المياه من خلالها بقياس مباشر لضغط الشد Suction pressure فى التربة المحيطة حيث يمكن حساب رطوبة التربة من خلال منحنى ضغط الشد ومحتوى رطوبة التربة (شكل 7).

(2) جهاز استشعار السعة Capacitance sensor لقياس محتوى مياه التربة عبارة عن جهاز استشعار بسيط يتكون من لوحين يتم قياس السعة بينهما لحساب محتوى مياه التربة.

(3) مقياس النيترون Neutron moisture meter لقياس الرطوبة يتكون من مكونين أساسيين: مسبار Probe وعداد Gauge حيث يتم ادخال المجس فى حفرة بالأرض ويقوم بانبعاث نيوترونات سريعة ويتم إبطاء هذه النيترونات وتنعكس بواسطة جزيئات الماء فى التربة المحيطة ثم يقوم العداد بمراقبة تدفق النيترونات البطيئة المبعثرة بواسطة التربة حيث درجة الإنعكاس تكون متناسبة مع رطوبة التربة. هذا ويحتاج القائمين على تشغيل هذه الأجهزة إلى التدريب فى مجال السلامة النووية Nuclear safety training (شكل 8).

شكل (6) هدار فى نهر برو جنوب غرب انجلترا.

(ز) مقياس التسرب Infiltrometer

يستخدم مقياس التسرب لقياس معدل تسرب المياه فى التربة أو أى أوساط مسامية أخرى وهناك نوعين من مقاييس التسرب شائعة الاستخدام وتشمل مقياس التسرب ذو الحلقة الواحدة Single ring أو مقياس التسرب مزدوج الحلقات Double rings وهى مقاييس سهلة الاستخدام ولكنها تغير من بنية التربة.

(ح) مجسات الإشعاع Radiation sensors

الإشعاع الشمسي Solar radiation عبارة عن موجات قصيرة Shortwave بينما الإشعاع الأرضى يعتبر موجات طويلة Longwave أو تحت الحمراء Infrared ويتم قياسها بواسطة أجهزة مختلفة.

ويستخدم البيرانومتر Pyranometer (ويسمى أيضاً Solarimeter) لقياس الإشعاع الشمسى على سطح مستو حيث يتم امتصاص الأشعة الشمسية بواسطة عمود الحرارة الأسود والفرق في درجة الحرارة بين المعدن في الإشعاع والآخر تحت الظل يمثل شدة الإشعاع الشمسي كما تستخدم قبة بلاستيكية لمنع إشعاع الموجة الطويلة بحيث يقاس فقط الإشعاع ذو الموجة القصيرة. البيرجيوميتر Pyrgeometer عبارة عن جهاز يقيس الأشعة تحت الحمراء وتتشابه آلية عمله مع البيرانوميتر فيما عدا درعه البلاستيكى يحجب إشعاع الموجات القصيرة.

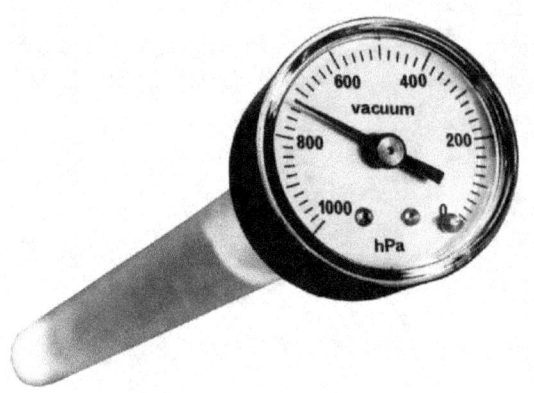

شكل (7)مقياس التوتر السطحى للتربة.

المصدر:

http://www.wagtechprojects.com/system/uploads/attachments/0000/1613/di

al-gauge-tensiometer---im_product_page_lightbox.jpg

شكل (8) مقياس النيترون لقياس رطوبة التربة.

المصدر: http://www.tnau.ac.in/aecricbe/swce/images/np.jpg

يتم استخدام مقياس الإشعاع الكلى Net radiometer لقياس الإشعاع الكلى على سطح الأرض (الإشعاع القادم مطروحاً منه الإشعاع الخارج) حيث يتم استخدام أثنين من مجسات الإشعاع إحداهما يكون مواجهاً لأعلى والآخر موجه إلى أسفل لاشتقاق الإشعاع الكلى ويمكن استخدام أربعة مجسات إذا كان المطلوب قياس الإشعاع الكلى للموجات القصيرة والموجات الطويلة.

يستخدم مسجل أشعة الشمس Sunshine recorder لتسجيل مدة سطوع الشمس بتجميع الأشعة الشمسية فى كرة زجاجية وتركيزها على ورقة خاصة بحيث تحرق مساراً عليها وإذا ما احتجبت الشمس فيظهر ذلك على الورقة بشكل انقطاع فى الخط المحروق وبذلك يمكن معرفة عدد ساعات سطوع الشمس (شكل 9).

(ك) مقياس سرعة الرياح (جهاز الأنيموميتر) Anemometer

الأنيموميتر عبارة عن جهاز من أجهزة الطقس يقوم بقياس سرعة الرياح وهو يتكون من ثلاث أو أربع أجنحة تدور بشكل حلزونى تبعاً لسرعة الرياح كما يمكن لمقاييس شدة الرياح فوق الصوتية الحديثة Ultrasonic anemometers أن تقيس سرعة الرياح فى ثلاثة أبعاد (شكل 10).

(ل) حرارة الهواء Air Temperature

يتم قياس حرارة الهواء باستخدام مقاييس درجة الحرارة Thermometers والموضوعة ضمن مكونات صندوق ستيفنسون Stevenson screen حيث تقوم برصد درجات الحرارة الجافة والرطبة والعظمى والدنيا (شكل 11).

(م) مقياس الرطوبة النسبية (جهاز الهيجروميتر) Hygrometer

وهى تستخدم لقياس الرطوبة النسبية ويطلق على الأنواع القديمة من هذه المقاييس سيكروميتر Psychrometer بينما تعتمد الأنواع الحديثة على التغير فى المقاومة الكهربية والتغير فى السعة الكهربية لقياس التغيرات فى الرطوبة النسبية كما تقوم الأنواع الكهربية من مقاييس الرطوبة النسبية Electronic hygrometers بتسجيل بيانات الرطوبة النسبية باستمرار وبدقة عالية (شكل 12 و13).

شكل (9) احدى نماذج مقياس الاشعاع الشمسي (البيرانوميتر)

المصدر: –http://meteolcd.files.wordpress.com/2011/06/campbell

stokes_recorder_800p.jpg

شكل (10) نموذج لمقياس الرياح (الأنيموميتر).

المصدر:

http://www.geog.ucsb.edu/ideas/COPRphotos/070718_AnemometerCOP

R_photobyDar_500W.png

شكل (11) صندوق ستيفنسون.

المصدر: http://www.strathspeyweather.co.uk/Images/WxScreen.jpg

(ن) مقياس الضغط الجوى (جهاز الباروميتر) Barometer

الباروميتر عبارة عن جهاز يستخدم لقياس الضغط الجوى وهناك ثلاثة أنواع منه تعتمد على الهواء أو الماء أو الزئبق وقد اخترع الفيزيائى الإيطالى توريشيللى Torricelli أول باروميتر زئبقى ذات أنبوبة طولها 1 متر ممتلئه بالزئبق ويعد الباروميتر الجاف أكثر الأنواع استخداماً لقياس الضغط الجوى حيث يتكون من سبيكة معدنية صغيرة مرنة تتمدد أو تنكمش طبقاً للتغيرات الطفيفة فى الضغط الجوى والذى يتم قياسه من خلال المكونات الميكانيكية المكونة له (شكل 14 و 15).

(س) رادار الطقس Weather radar

على النقيض من مقياس المطر الذى يعتمد على القياس على سطح الأرض يقوم رادار الطقس بقياس التساقط فوق الأرض (شكل 16 و 17) حيث يقوم الرادار بإرسال نبضات موجهة من أشعة الميكروويف Microwave ويقوم الرادار باستقبال الإشارات المرتدة من قطرات المطر حيث يسمى الصدى المرتد Echoes بالإنعكاسية Reflectivity والتى يتم تحليلها لمعرفة معدل التساقط فى المنطقة قيد الدراسة ويمكن لرادارات الطقس أن تغطى مساحات

شاسعة ومراقبة التساقط فوق البحر كما يمكن أن تتحد عديد من الرادارات لإعطاء صورة مركبة عن التساقط، وهناك عديد من مصادر الأخطاء في قياسات الرادار مثل تناقص دقة النبضات المتحركة بعيداً عن محطة الرادار والتشتت والاحتجاب والحيود وغيرها، وعلى النقيض من مقياس المطر الذي يعتمد على القياس الأرضي يقوم رادار الطقس بقياس هطول الأمطار فوق الأرض، ويوضح شكل (18) صورة رادار لهطول الأمطار فوق المملكة المتحدة، بينما يوضح شكل (19) رادار الأمطار للإمارات العربية المتحدة.

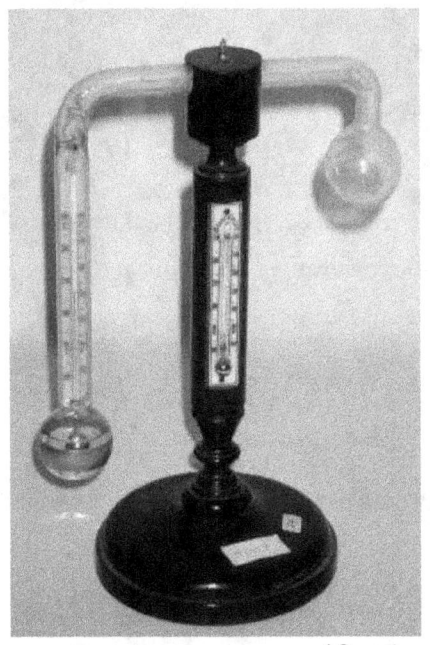

شكل (12) احدى نماذج مقياس الرطوبة النسبية.

المصدر:

http://physics.kenyon.edu/EarlyApparatus/Thermodynamics/Hygrometer/Denison74a.JPG

شكل (13) مقياس رقمى للرطوبة النسبية.

المصدر: –http://airpurifiersanddehumidifiers.com/wp

content/uploads/2010/09/Hygrometer.jpg

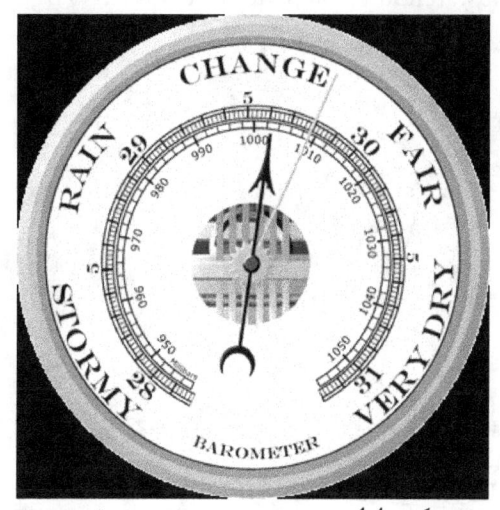

شكل (14) احدى نماذج مقياس الضغط الجوى.

المصدر:

http://www.edupic.net/Images/ScienceDrawings/Thumbs/barometer_sm.gif

شكل (15) مقياس رقمي لقياس الضغط الجوي.

المصدر:

http://www.thelabwarehouse.com/external/commerce/1/gfx/hires/bf107-

40.jpg

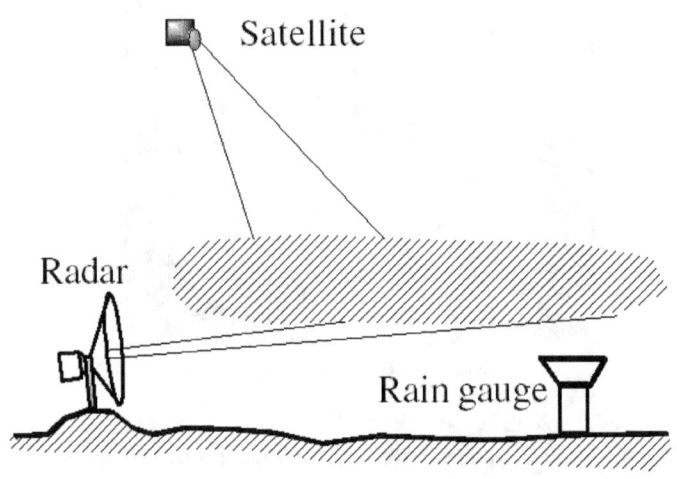

شكل (16) رادار الطقس والقمر الصناعي وعداد قياس المطر

شكل (17) صورة لرادار الطقس.

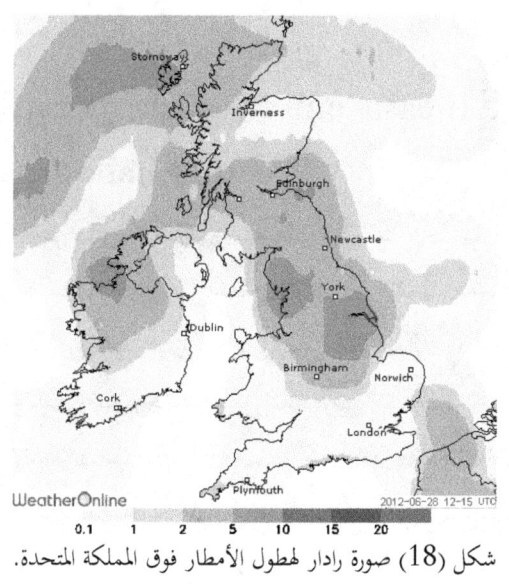

شكل (18) صورة رادار لهطول الأمطار فوق المملكة المتحدة.

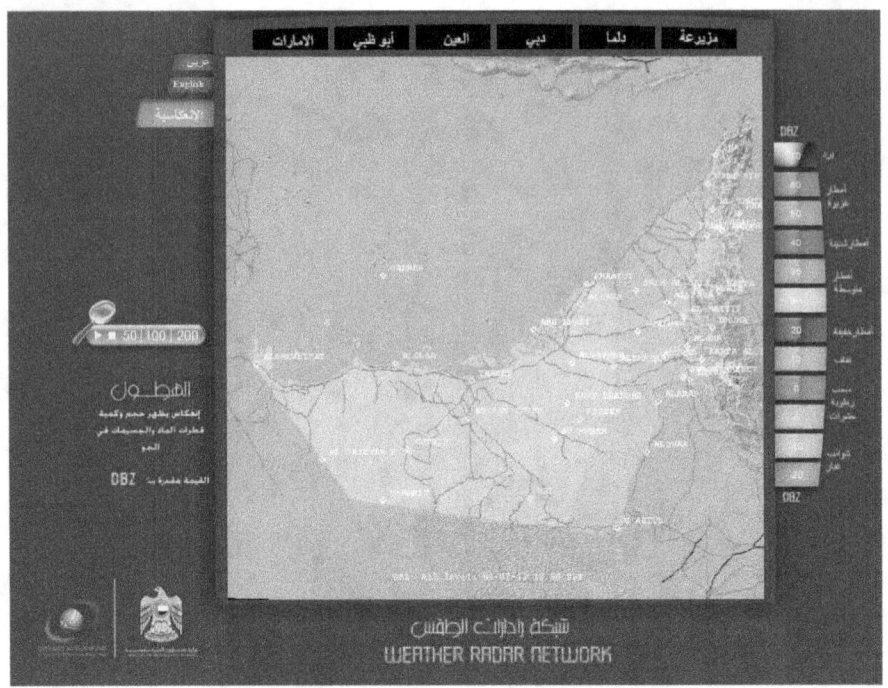

شكل (19) رادار الطقس للإمارات العربية المتحدة.

المصدر: http://www.ncms.ae/radars/main.asp

القياسات المعتمدة على الهواء Air based measurements

(أ) بالون الطقس Weather balloon

بالون الطقس عبارة عن بالون هواء كبير يتم صُنعه من مواد جلدية ذات درجة مُرونة عالية لتُساعد على تمدده أثناء الارتفاع من سطح الأرض إلى ارتفاعات شاهقة في الغلاف الجوي (شكل 20)، ويحمل على متنه جهازاً خاصاً يُسمى بالمسبار اللاسلكي أو مسبار الراديوسوند (Radiosonde) والذى يعتبر وحدة لقياس عديد من المعاملات الجوية ويقوم بإرسالها إلى جهاز استقبال ثابت حيث يقوم بقياس الضغط الجوى ودرجة الحرارة والرطوبة النسبية وسرعة الرياح واتجاهها كما يوفر نظام تحديد المواقع مع المسبار معلومات عن الارتفاع وخطوط الطول والعرض للمواقع، ويوجد على مستوى العالم أكثر من 800 موقع لإطلاق المسبار اللاسلكى والتى تطلق مرتين فى اليوم للحصول على صورة لحظية للغلاف الجوى، ويوجد بالوطن العربى

153

عديد من محطات الرصد الجوي تستخدم هذا الأسلوب في كل من الكويت والإمارات وقطر وعُمان ومصر والأردن والجزائر والمغرب [3].

(ب) الطائرات Aircrafts

تستخدم الطائرات مع أجهزة القياس المختلفة لإجراء القياسات المكثفة لمنطقة الدراسة خلال فترة وجيزة كما يستخدم الليدر Lidar على متن طائرة للحصول على خرائط رقمية عالية الدقة لأشكال السطح Digital terrain maps وخصوصاً أثناء الفيضانات وهو عبارة عن جهاز استشعار عن بعد يقوم بقياس ارتفاعات سطح الأرض وأسطح المياه باستخدام أشعة الليزر (شكل 21).

شكل (20) نموذج لبالون الطقس.

المصدر:

http://commons.wikimedia.org/wiki/File:Wind_finding_weather_balloon_r elease.jpg

---

[3] راجع موقع طقس العرب لمزيد من المعلومات حول بالون الطقس في الوطن العربي (http://www.arabiaweather.com)

154

شكل (21) استخدام الطائرات وتقنيات الليدر لانتاج خرائط رقمية لسطح الأرض.
المصدر: http://www.infobarrel.com/media/image/56712.jpg

القياسات المعتمدة على الفضاء Space based measurements

يتزايد فى الأونة الأخيرة استخدام الأقمار الصناعية Satellites لجمع بيانات الأرصاد الجوية والبيئية والتى تستخدم فى الدراسات الهيدرولوجية المختلفة وهناك نوعين من الأقمار الصناعية ذات أهمية خاصة فى دراسات المياه وهما الأقمار الصناعية الخاصة بالطقس والأقمار الصناعية الخاصة بمراقبة الأرض حيث تقوم الأقمار الصناعية الخاصة بالطقس بمراقبة الطقس والمناخ مثل السحب والتساقط والتبخر- نتح ورطوبة التربة وحركة الأعاصير بينما تقوم الأقمار الصناعية الخاصة بمراقبة الأرض بجمع المعلومات عن طبيعة الأرض والأنظمة الكيميائية والبيولوجية مثل استخدامات الأراضى والكوارث الطبيعية مثل الفيضانات والانزلاقات الأرضية والغطاء النباتى وحرائق الغابات وغيرها.

(أ) المدار الفضائى Orbit

الأقمار الصناعية يمكن أن تكون قطبية الدوران Polar orbiting أى ترى نفس الرقعة من الأرض كل 12 ساعة أو ثابتة Geostationary على نفس المكان على الأرض وذلك بالدوران حول خط الاستواء أثناء حركتها بنفس سرعة دوران الأرض (شكل 22 و 23).
المدار الثابت Geostationary orbit عبارة عن مدار متزامن تماماً فوق خط

الاستواء حيث يدور القمر الصناعى فى اتجاه دوران الأرض على ارتفاع 35786 كم فوق سطح الأرض ذو فترة مدارية تساوى فترة دوران الأرض وتعتبر المدارات الثابتة مهمة لأنها تجعل القمر الصناعى يظهر وكأنه ثابت بالنسبة لنقطة ثابتة على الكرة الأرضية ونتيجة لذلك يمكن توجيه المستشعر فى اتجاه ثابت وأخذ قياسات خلال فترات زمنية محددة بدقة مثل 15 دقيقة أو30 دقيقة.

تدور أقمار الطقس قطبية الدوران حول الأرض على ارتفاع 800 كم فى مسار شمال جنوب أو العكس مارة بالقطبين خلال رحلتها المستمرة حيث تكون فى مدارات متزامنة مع الشمس والذى يعنى أنها تكون قادرة على مراقبة أى مكان على سطح الأرض ومشاهدة الموقع مرتين خلال اليوم بنفس ظروف الإضاءة كما تكون هذه الأقمار أكثر دقة مكانية بالمقارنة بمثيلاتها الثابتة بسبب قربها من الأرض ولكنها ذات دقة زمانية منخفضة حيث تكون كل 1 يوم أو اكثر.

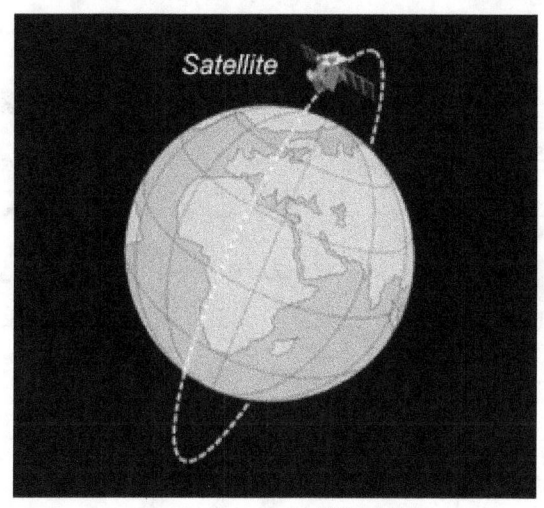

شكل (22) المدار الفضائى القطبى.

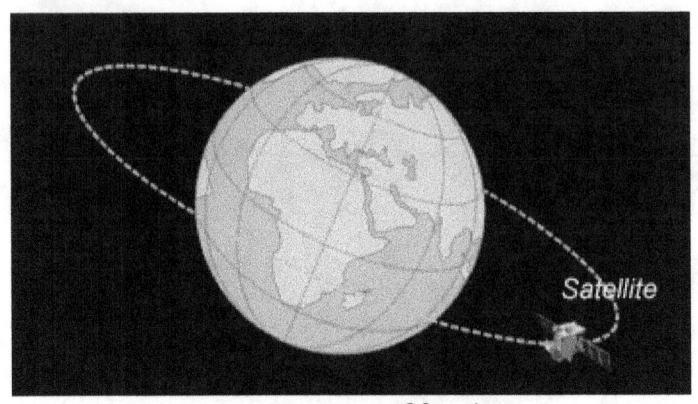

شكل (23) المدار الفضائى الثابت.

(ب) الطيف الكهرومغناطيسى Electromagnetic spectrum

يغطى الاستشعار عن بعد نطاق واسع من الطيف الكهرومغناطيسى (شكل 24) ومن أشهرها المرئى Visible وتحت الحمراء Infrared والميكروويف Microwave، ويمكن للضوء المرئى أن يعطى صور حقيقية للألوان ولكنه يكون متاح أثناء النهار فقط ويتراوح الطول الموجى بين 380 و 760 نانومتر أى 790 إلى 400 تيراهيرتز كما يمكن الحصول على صور الأشعة تحت الحمراء أثناء النهار والليل وهى مفيدة فى اكتشاف درجات حرارة الأجسام وهى تغطى الطيف بين 300 جيجاهيرتز (1مم) إلى 400 تيراهيرتز (750 نانومتر) فى حين تغطى الميكروويف فى حدود 1 متر إلى أقل من 1 مم أو ما يعادل الترددات بين 300 ميجاهرتز (0.3 جيجاهرتز) و 300 جيجاهرتز، ويتم امتصاص أشعة الميكروويف بواسطة الجزيئات ثنائية القطبية فى السوائل وتشمل حزم الميكروويف الأكثر استخداماً الحزم الآتية (جدول 1):

جدول (1) الطول الموجى لحزم الميكروويف.

الحزمة	الطول الموجى
الحزمة (L-band)	تتراوح بين 1 إلى 2 جيجاهرتز (15-20 سم)
الحزمة (S – Band)	تتراوح بين 2 إلى 4 جيجاهرتز (7.5 إلى 15 سم)
الحزمة (C-band)	تتراوح بين 4 إلى 8 جيجاهرتز (3.75 إلى 7.5 سم)
الحزمة (X- band)	تتراوح بين 8 إلى 12 جيجاهرتز (2.5 إلى 3.75 سم)
الحزمة (Ku- band)	تتراوح بين 12 إلى 18 تقريبا جيجاهرتز GHz (1.7 إلى 2.5 سم)

الحزمة (K-band)	تتراوح بين 18 إلى 27 جيجاهرتز (1.1 إلى 1.7 سم)
والحزمة (Ka- band)	تتراوح بين 26.5 إلى 40 جيجاهرتز (0.75 إلى 1.1 سم)

تتأثر أشعة الميكروويف قصيرة الطول الموجى بكثير من الضعف فى الغلاف الجوى، وتستخدم عادة لتقدير الخصائص الجوية بينما تخترق أشعة الميكروويف طويلة الطول الموجى الغلاف الجوى بأقل تشتت وتستخدم لقياس خصائص سطح الأرض مثل رطوبة التربة.

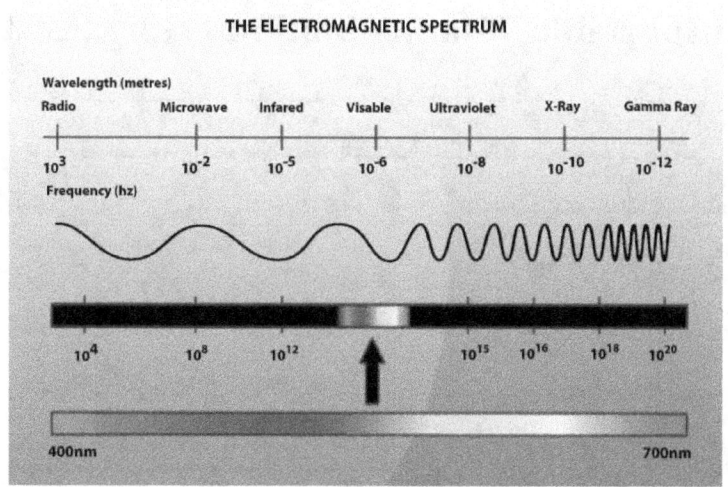

شكل (24) الطيف الكهرومغناطيسى.

ج) الميكروويف الإيجابى والسلبى Active and passive microwave

هناك نوعان من أجهزة الاستشعار عن بعد هما جهاز الاستشعار السلبى Passive device والذى يتميز بوجود مستقبلات تسمى راديوميتر والتى تكشف عن الإشعاع الطبيعى المنبعث أو المنعكس من الأهداف الأرضية المراد قياسها كما تعتبر أشعة الشمس المنعكسة المصدر الأكثر شيوعاً للإشعاع المقاس بواسطة الأجهزة السلبية لقياس الإشعاع بينما جهاز الاستشعار الإيجابى Active device يتميز بوجود مستقبلات ومرسلات حيث يقوم المرسل Transmitter بإرسال أشعة الميكروويف إلى الهدف ويقوم المستقبل Receiver باكتشاف الإشعاع المنعكس من الهدف ويعتبر الرادار مثال للاستشعار عن بعد الإيجابى.

(د) التحقق Validation

ليس من السهل التحقق من صحة قياسات الأقمار الصناعية نظراً للبصمات المختلفة للقمر الصناعى حيث يغطى عديد من الكيلومترات المربعة والقياسات الأرضية مثل عدادات قياس المطر ولتكون فعالية التحقق ذات مصداقية يلزم الأخذ فى الاعتبار عدد كبير من القياسات الأرضية على فترات زمنية طويلة.

محطة الطقس المتنقلة Transportable Weather Station

تستخدم محطات الطقس المتنقلة لرصد الأحوال الجوية المختلفة مثل درجة الحرارة والضغط الجوى والرطوبة وسرعة الرياح والإشعاع الشمسى والتساقط وتعتبر محطات الطقس المتنقلة ملائمة للدراسات الهيدرولوجية القصيرة (شكل 25)، وتحتوى محطة الطقس المتنقلة على الأجهزة الآتية:

1. مقياس شدة الرياح Anemometer لقياس سرعة الرياح (متر/ث).
2. مقياس الإشعاع الشمسى Solarimeter (كيلو وات/متر^2)
3. مقياس الإشعاع الكلى
4. مقياس الرطوبة Psychrometer (درجات حرارة الهواء الجاف والرطب بالدرجة المئوية)
5. مقياس التساقط Precipitation detector
6. مقياس المطر Rain gauge (عمق المطر بالمم)
7. مقياس الضغط الجوى Barometer
8. مستشعر اتجاه الرياح Wind direction sensor (بالدرجات)

كما يتم تجهيز محطة الارصاد المتنقلة بالأدوات الآتية:

1. مصدر للكهرباء (محول تيار 12 فولت أو بطارية داخلية قابلة للشحن)
2. ألواح شمسية Solar panel لشحن البطارية الداخلية
3. جامع بيانات متنقل Data logger لتخزين البيانات على بطاقات الذاكرة
4. كابل لنقل البيانات إلى الكمبيوتر الشخصى أو تحميلها عن طريق الإنترنت

159

شكل (25) نموذج لمحطة طقس متنقلة.

المصدر: http://www.sutron.com/images/MonitorAWS.jpg

أسئلة الفصل الثامن

القياسات الهيدرولوجية

السؤال الأول:

من خلال شبكة الإنترنت استخدم الويكيبيديا والجوجل والياهو لاستكشاف الأسس والأجهزة المستخدمة فى هذه الوحدة؟

السؤال الثانى:

ما المقصود بتشويش الإشارات وكيف يمكن تفاديه؟

السؤال الثالث:

كم عدد أنواع المجسات المتاحة لقياس محتوى رطوبة التربة؟ اشرح ميكانيكية عملها؟

السؤال الرابع:

يمكن قياس هطول المطر إما بواسطة شبكة من عدادات قياس المطر أو بواسطة جهاز الإستشعار عن بعد مثل رادار الطقس، ناقش باختصار مزايا وعيوب كل من هذه الطرق؟

السؤال الخامس:

تستخدم محطات الأرصاد المتنقلة بكثرة فى الهيدرولوجيا للقياسات قصيرة المدى نسبياً للبيانات المناخية الأساسية للمناطق المراد دراستها، قم بوصف محطة الأرصاد المتنقلة ونظام جمع البيانات مع استخدم الأشكال التوضيحية المناسبة لوصف المجسات المختلفة؟

الفصل التاسع
الإحصاء الهيدرولوجى Hydrological Statistics

العمليات الهيدرولوجية مشتقة من المبادىء الفيزيائية والكيميائية والبيولوجية أو ما يسمى بقانون الطبيعة Laws of Nature وبرغم ذلك يصعب محاكاة العمليات الهيدرولوجية فى الطبيعة بالمبادىء الأولية ومن ثم تستخدم النماذج الإحصائية لربط العمليات الهيدرولوجية بطريقة وصفية وتعد الاحتمالات هى الأساس للعمليات الإحصائية والتى سيتم مناقشتها فى هذا الفصل.

المصطلحات الأساسية Basic Terms

(أ) الاحتمال Probability

الاحتمال هو مقياس لمدى احتمال حدوث حدث ما، فإذا حدث حدث عشوائى Random event عدد كبير من المرات (n) والحدث يتميز بسمة يرمز لها بالرمز (A) لهذه المرات من الحدوث، فعندئذ يكون احتمالية حدوث الحدث ذو السمة (A) كالآتى:

$$P(A) = \lim_{n \to \infty} \frac{n_a}{n} \approx \frac{n_a}{n} \qquad (1)$$

حيث:

$P(A)$: احتمال حدوث الحدث (A)

ولكى يكون هذا التقدير الاحتمالى دقيق جداً بناءً على التكرار النسبى يمكن أن تكون (n) كبيرة جداً، وحيث أنه من المستحيل الحصول على عدد لا حصر له من الملاحظات، فإنه يمكن تقريب الاحتمال الفعلى فى مجال الهيدرولوجيا.

(ب) فترة العودة Return Period

يقصد بها الفترة الزمنية اللازمة لتوقع حدوث أى فيضان بنفس الحجم المائى أى متوسط الفترة الزمنية بين مرات حدوث الحدث الهيدرولوجى لحد معين أو أكثر معبراً عنه عادة بالسنوات فعلى سبيل المثال فإن فيضان 100 عام سيحدث فى المتوسط مرة كل 100 عام أى هو

مقلوب احتمالية الحدث ومن ثم فإن فيضان 100 عام له احتمالية 1% ليحدث فى كل عام، وبصورة أخرى إذا كان هناك مكان لديه احتمال 2% (0.02) لحدوث فيضان فى سنة معينة عندئذ فإن المجتمع سيتوقع مثل هذا الفيضان فى المتوسط كل 50 عام (0.02/1).

(ج) العلاقات الاحتمالية Probability relationships

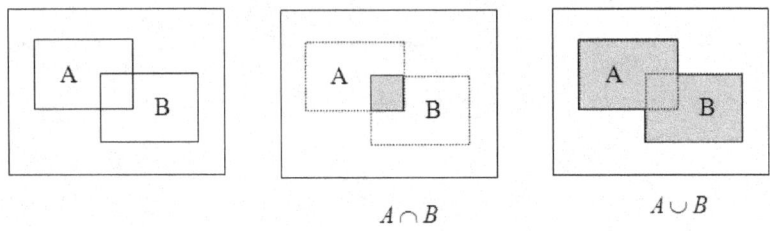

$A \cap B$ $A \cup B$

شكل (1) مخطط فين Venn diagram يوضح تقاطع A مع B واتحاد A مع B

(1) التقاطع والإتحاد Union and Intersection

التقاطع Intersection (احتمالية الاتصال):

تقاطع (A) مع (B) أى ($A \cap B$) تمثل كل العناصر آنياً فى كلا من A و B

الإتحاد Union ($\cup$):

إتحاد (A) مع (B) أى ($A \cup B$) تمثل كل من A أو B أو كلاهما أى أن احتمال إتحاد (A) مع (B) يعبر عنه كالآتى:

$$P(A \cup B) = P(A) + P(B) - P(A \cap B)$$ (2)

فإذا كان كلاً من A و B أحداث متنافية Exclusive فإن:

$$P(A \cup B) = P(A) + P(B)$$ (3)

(2) الاحتمالية المشروطة Conditional probability للعنصر B بمعلومية A

$$P(B \mid A) = \frac{P(A \cap B)}{P(A)}, \; so \; P(A \cap B) = P(A)P(B \mid A)$$ (4)

حيث:

163

$P(B/A)$: احتمال وقوع الحدث (b) بشرط حدوث الحدث (A).

فإذا كان كلاً من A و B مستقلين Independent فإن:

$$P(B|A) = P(B), \text{ so } P(A \cap B) = P(A)P(B) \quad (5)$$

تمرين (1):

إذا كان قمة التدفق السنوى فى نهر برستول Bristol river أكثر من 10 م^3/ث وله فترة عودة مقدارها 100 عام وكانت تدفقات الذروة السنوية Peak flows مستقلة بين السنوات فقم بتقدير احتمالية حدوث تدفقات ذروة مماثلة فى السنتين المتتاليتين ؟

الحل:

من المعادلة (5) فإن احتمالية تدفق الذروة أكثر من 10 م^3/ث هو0.01 لذلك فإن احتمالية حدوثها فى عامين متتاليين سيكون كالآتى:

$$0.01 \times 0.01 = 10^{-4}$$

الاحتمالية الكلية (الاحتمالية الموزونة) Total probability (or weighted probability)

إذا كان B_1 و B_2 و ...... و B_n تمثل مجموعة متنافية Mutually exclusive وأحداث شاملة Exhaustive events يمكن تحديد احتمالية حدوث الحدث A من العلاقة الآتية:

$$P(A) = \sum_{i=1}^{n} P(A|B_i)P(B_i) \quad (6)$$

فعلى سبيل المثال تحليل الإشعاع الشمسى يمكن تقسيمه إلى أيام مطيرة وأيام غير مطيرة لذلك فإن الإشعاع الشمسى الكلى يمكن حسابه.

(د) التوزيعات الاحتمالية Probability distributions

(1) التوزيع غير المتصل *Discrete distribution*

توزيع برنولى *Bernoulli distribution*: هو عملية عشوائية Random process

والتي يمكن أن تكون ذات احتمالين ممكنين Possible outcomes كالآتى:

(فائض Flooded) و(غير فائض Not flooded) و(يوم مطير Rainy day)

و(يوم غير مطير Non-rainy day) و(قمم Heads) أو (ذيول Tails) ... إلخ.

$$f(x; p) = \begin{cases} p & \text{if } x=1, \\ 1-p & \text{if } x=0. \end{cases} \tag{7}$$

حيث:

$f(x; p)$: دالة الكثافة الاحتمالية

التوزيع الثنائى Binomial distribution: من بين عدد محاولات (**n**) لعملية برنولى
Bernoulli process فإن احتمالية حدوث (**X**) تكون كالآتى:

$$f(x; n, p) = \binom{n}{x} (p)^x (1-p)^{n-x} \quad x = 0, 1, 2, ..., n \tag{8}$$

$$\text{and} \quad \binom{n}{x} = \frac{n!}{(n-x)! x!}$$

حيث:

$f(x; n, p)$: دالة الكثافة الاحتمالية

$n!$: مضروب n

xi : مضروب X

p : احتمالية الحدوث

القيمة المتوقعة تكون كالآتى:

$$E(X) = np \tag{9}$$

حيث:

$E(X)$: القيمة المتوقعة للمتغير X.

p : احتمالية الحدوث

165

تمرين (2):

كم عدد مرات لفيضان 10 أعوام أن يحدث فى فترة 40 عام؟ وما هى احتمالية أن هذا الفيضان ذو العشر سنوات أن يحدث فى فترة زمنية مقدارها 40 سنة؟

الحل:

A 10-year flood has $p = 1/10 = 0.1$

$E(X) = np = 40(0.1) = 4$

احتمالية حدوث مثل هذا الفيضان المتكرر 4 مرات فى 40 سنة يكون كالآتى:

$$f(4;40,0.1) = \binom{40}{4}(0.1)^4(0.9)^{36} = 0.2059$$

هذه المشكلة توضح صعوبة شرح مبدأ فترة العودة ففى المتوسط فإن حالة فيضان 10 سنوات تحدث مرة كل 10 سنوات و 4 مرات فى فترة زمنية 40 سنة تماماً وفى حوالى 80% (100(1-0.2059)) فإن حالة فيضان 10 سنوات سوف لا تحدث بالضبط 4 مرات وفى حقيقة الأمر فإن احتمالية حدوث ذلك 3 مرات مساو تقريباً لاحتمالية حدوث 4 مرات (0.2003 مع 0.2059)، وعدد مرات الحدوث (**X**) متغير عشوائى حقيقى ذو توزيع ثنائى Binomial distribution.

(2) التوزيع المتصل ***Continuous distribution***

التوزيع الطبيعى Normal distribution أو توزيع جاوس Gaussian distribution: $X \sim N(\mu, \sigma^2)$ مع الوسط μ و التباين σ^2

$$f(x;\mu,\sigma) = \frac{1}{\sigma\sqrt{2\pi}}\exp\left(-\frac{(x-\mu)^2}{2\sigma^2}\right) \quad (\mathbf{10})$$

حيث:

μ : المتوسط

σ : الإنحراف المعيارى

σ^2 : التباين

وهناك عديد من دوال توزيع الاحتمالات مثل جمبل **Gumbel** و اللوغاريتمى العادى **log normal** والبيرسون **Pearson III** و المنطقى العام **General Logistic**... إلخ.

التقدير الإحصائى للفيضان Statistical Flood Estimation

فى هذا القسم يتم استخدام الإجراءات الإحصائية لحساب قمم الفيضانات بغرض تصميم مشاريع مجابهة الفيضانات Flood defence projects.

(أ) الاحتمال التجريبى Empirical probability

الاحتمال التجريبى احتمال لامعلمى Nonparametric probability أى لا توجد منحنيات توزيع نظرية وفيه يتم ترتيب البيانات فى ترتيب تنازلى من الأكبر إلى الأصغر فإذا كان (n) العدد الإجمالى لنقاط البيانات و (m) ترتيب نقطة مفردة فإن احتمالية تجاوز القيمة الأكبر فى الترتيب (x_m) يكون كالآتى:

$$P_m = P(X \geq x_m) = \frac{m}{n} \quad \text{(California formula صيغة كاليفورنيا)} \qquad (11)$$

حيث:

P_m: احتمال m من المرات بحيث تزيد عن x_m من المرات.

m: عدد مرات النجاح

n: عدد المحاولات الكلية

$$P_m = P(X \geq x_m) = \frac{m}{n+1} \quad \text{(Weibull formula صيغة ويبول)} \qquad (12)$$

المعادلة (11) سهلة التطبيق ولكنها متحيزة (مفرطة التقدير over-estimated) وأنه من المستحيل رسم نقطة البيانات nth (أى احتمالية 100%) على معظم أوراق الرسم البيانى للاحتمالات فعلى سبيل المثال فى سجل فيضان 100 عام فإن أكبر الفيضانات يأخذ

المرتبة 1 وهنا تجاوزه P=1/100 أى 100 عام فترة عودة ولكن القيمة الأصغر تأخذ المرتبة 100 وتجاوزها P=100/100=1 وهذا ليس منطقى فهو يعنى أى فيضانات ستكون أكبر من هذا الفيضان ولا يوجد فيضانات تكون أصغر، والمعادلة (12) يمكنها التغلب على هذه المشكلة وهى الصيغة الأكثر استخداماً بين الهيدرولوجيين على الرغم من أنها الأفضل فقط للتوزيع المتجانس كما يوصى باستخدام صيغة جورينجورتن Gringorten formula لتوزيع الفيضانات فى المملكة المتحدة، كما يوصى باستخدام المعادلة (12) فى حل المسائل المتعلقة بهذا الفصل والرجوع إلى الأدلة الهيدرولوجية فى المسائل الهندسية العملية.

فترة العودة T للحالة $X \geq x_T$ والاحتمالية مرتبطة بالعلاقة الآتية:

$$P(X \geq x_T) = \frac{1}{T} \qquad (13)$$

(ب) الإجراء العام لتقدير الفيضان General procedure for flood estimation

يمكن اتباع الإجراءات الآتية لتقدير الفيضان:

(1) احصل على الفيضان الأكبر فى كل سنة بالسنوات (n)

$x_1, x_2, x_3, \ldots x_n$

على سبيل المثال البيانات الموضحة بالجدول الآتى:

Year	1987	1988	1989	1990
Q	25.1	41.5	29.9	21.2

(2) رتب البيانات من الأكبر إلى الأصغر كالآتى:

Year	Q	Rank
1988	41.5	1
1989	29.9	2
1987	25.1	3
1990	21.2	4

أو

Year	Q	Rank
1987	25.1	3
1988	41.5	1
1989	29.9	2
1990	21.2	4

(3) استخدم المعادلة التجريبية (12) لإيجاد المواقع المتجاوزة للاحتمالات (n = 4 فى هذه الحالة).

Year	Q	Rank	P(%)
1988	41.5	1	20
1989	29.9	2	40
1987	25.1	3	60
1990	21.2	4	80

(4) قم بتوقيع الفيضانات واحتمالات التجاوز Exceedance على ورق احتمالات، وفى هذا التدريب يستخدم ورق احتمالات لوغاريتمى مع استخدام مقياس رسم مناسب لتوقيع البيانات.

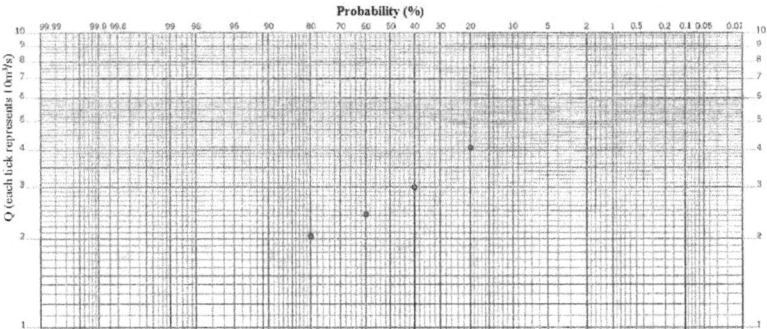

(5) قم بتوقيع البيانات على ورق احتمالات لوغاريتمى مع رسم خط مستقيم بين النقاط لأفضل تمثيل للبيانات.

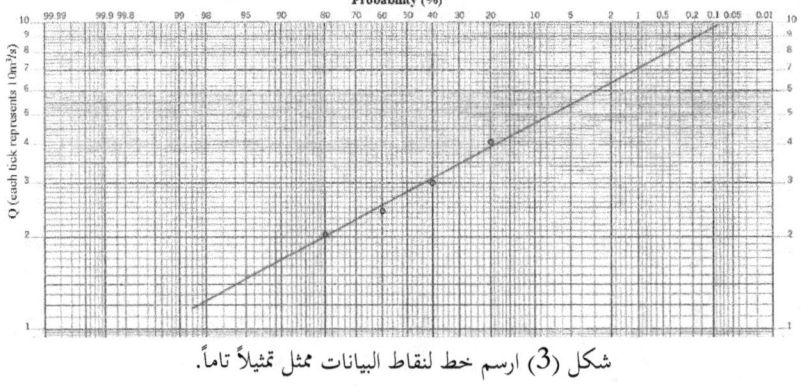

شكل (3) ارسم خط لنقاط البيانات ممثل تمثيلاً تاماً.

(6) يمكن قراءة الفيضانات المقابلة واحتمالات فترات العودة من الخط المرسوم.

169

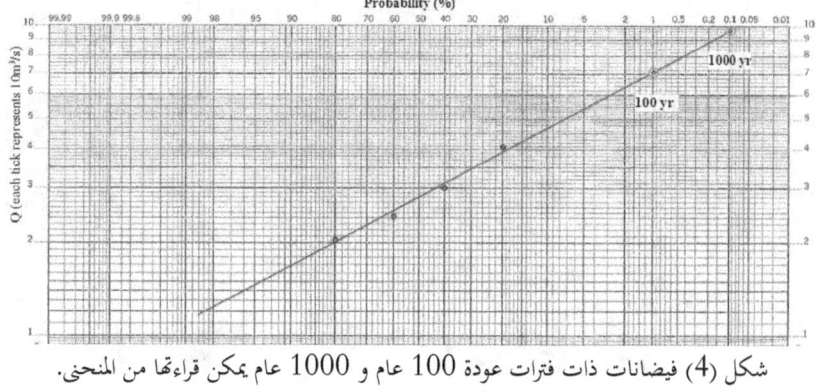

شكل (4) فيضانات ذات فترات عودة 100 عام و 1000 عام يمكن قراءتها من المنحنى.

يجب ملاحظة أن التقديرات لفيضانات 100 و 1000 عام مبنى على 4 نقاط فقط لا يعول عليه على الإطلاق ويجب استخدام بيانات أكثر فى المشروعات العملية، حيث الأربع نقاط مستخدمه هنا للتوضيح فقط.

التقدير الإحصائى لهطول الأمطار Statistical Rainfall Estimation

إجراءات تكرار هطول الأمطار يكون لها هدفين: تقدير تصميم عمق هطول الأمطار *Design rainfall depths* وتقييم لندرة حالات هطول الأمطار المرصودة Rarity check ويعتبر تصميم هطول الأمطار مطلوب بصفة أساسية لتقدير فيضان النهر وهنا تكون ذات أهمية بالغة فى تصميم مجابهات الفيضانات والجسور والقنوات والمفيضات، ويعتمد كثير من تقديرات الفيضانات على بيانات تكرار هطول الأمطار بسبب أن سجلات هطول الأمطار تميل إلى أن تكون أكثر وفرة وأطول عن سجلات تدفق النهر ويمكن الاطلاع على التطبيقات الأخرى لتصميم الأمطار في الزراعة وتصميم الصرف للمناطق الوعرة والصرف الصحي للمباني.

وتشمل الإحصاءات لهطول الأمطار كلا من عمق الأمطار أو شدتها و الفترة الزمنية وتعتبر عملية اشتقاق منحنيات التكرار من بيانات هطول الأمطار عملية شاقة كما أن المخطط المفيد لإحصاءات الأمطار يسمى DDF (منحنى العمق الفترة التكرار Depth Duration Frequency curve) أو IDF (منحنى الشدة الفترة التكرار Intensity Duration Frequency curve) و يمكن تحويلها من مخطط إلى آخر والشكل (5) يوضح مثالاً على المخطط DDF.

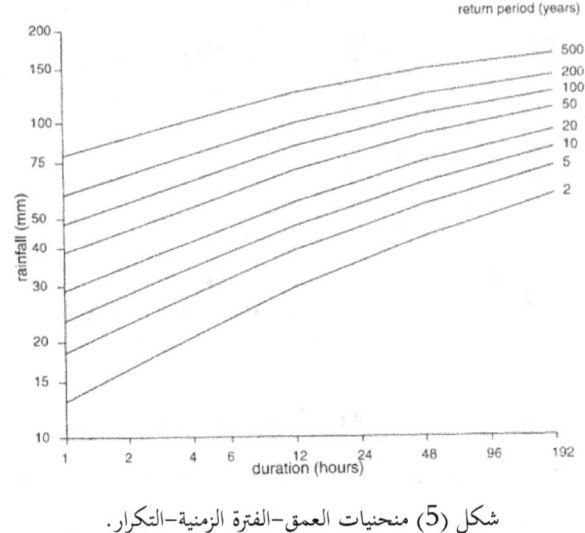

شكل (5) منحنيات العمق–الفترة الزمنية–التكرار.

ويمكن استخدام الرسم البياني (DDF diagram) لتقييم ندرة هطول الأمطار للحالات المرصودة للأمطار (شكل 6أ) عندما يعرف مدة وعمق الأمطار أو لتقدير تصميم هطول الأمطار من خلال معرفة فترة العودة مسبقاً (شكل 6ب).

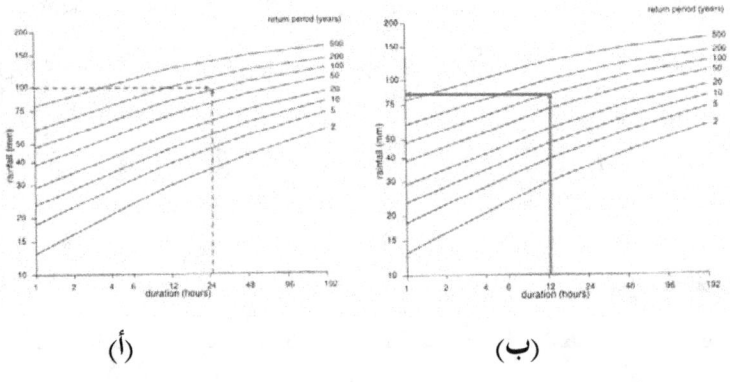

(أ)   (ب)

شكل (6) تطبيق منحنيات العمق–الفترة الزمنية–التكرار

(أ) التحقق من الندرة   (ب) تصميم هطول الأمطار

أسئلة الفصل التاسع

الإحصاء الهيدرولوجى

السؤال الأول:

كم عدد مرات حدوث فيضان 10-سنوات فى فترة 40 عام؟ ما هى احتمالية حدوث 3 فيضانات ذات 10-سنوات فى فترة 40 عام؟ ما هى احتمالية مثل هذا الفيضان أن لا يحدث إطلاقاً فى فترة 40 عام؟ ما هى احتمالية أن مثل هذا الفيضان سوف يحدث مرة واحدة على الأقل فى فترة 40 عام؟ (تلميح: استخدم التوزيع ثنائى الحدين).

(الإجابة : 4 و 0.2003 و 0.0148 و 0.9852)

السؤال الثانى:

إذا كان الحد الأقصى للتدفقات السنوية لحوض تصريف فى انجلترا بين عامى 1987 و 1996 كانت 29.9 و 21.2 و 35.5 و 23.8 و 25.5 و 28.0 و 33.0 و و 31.5 م^3/ث، قم بتقدير تدفقات فترات العودة 20 و 50 و 100 عام بافتراض أنها موزعة طبقاً للتوزيع اللوغاريتمى العادى.

(الإجابة : 45 و 50 و 53 متر^3/ث)

إجابة أسئلة الفصل التاسع
الإحصاء الهيدرولوجى

إجابة السؤال الأول:

باستخدام التوزيع ثنائى الحدين، فإن احتمالية حدوث فيضان 10 سنوات كالآتى:

$$p = 1/10 = 0.1$$

والقيمة المتوقعة E(X) لعدد مرات حدوثه فى فترة 40 عام تكون كالآتى:

$$E(X) = np = 40(0.1) = 4$$

احتمالية حدوث مثل هذا الفيضان 3 مرات فى فترة 40 عام تكون كالآتى:

$$f(3;40,0.1) = \binom{40}{3}(0.1)^3(0.9)^{37} = \frac{40!}{37!3!}(0.1)^3(0.9)^{37} = 0.2003$$

احتمالية عدم حدوث مثل هذا الفيضان فى فترة 40 عام تكون كالآتى:

$$f(0;40,0.1) = \binom{40}{0}(0.1)^0(0.9)^{40} = \frac{40!}{40!0!}(0.1)^0(0.9)^{40} = 0.0148$$

وحيث أن كل الاحتمالات يجب أن تجمع وتساوى صفر أى أن:

$$P(0) + P(1) + P(2) + ... = 1 \quad \text{So,} \quad P(1) + P(2) + ... = 1 - P(0)$$

ومن ثم فإن احتمالية حدوث مثل هذا الفيضان مرة واحدة خلال فترة 40 عام تكون كالآتى:

$$1 - f(0;40,0.1) = 1 - 0.0148 = 0.9852$$

إجابة السؤال الثانى:

رتب البيانات من الأكبر إلى الأصغر وأجرى عملية التوقيع على الرسم البيانى بناءً على معادلة ويبول Weibull equation.

Year	Q	Rank m	P=m/n+1 (%)
1987	25.1	8	73
1988	41.5	1	9
1989	29.9	5	45
1990	21.2	10	91
1991	35.5	2	18

1992	23.8	9	82
1993	25.5	7	64
1994	28	6	55
1995	33	3	27
1996	31.5	4	36

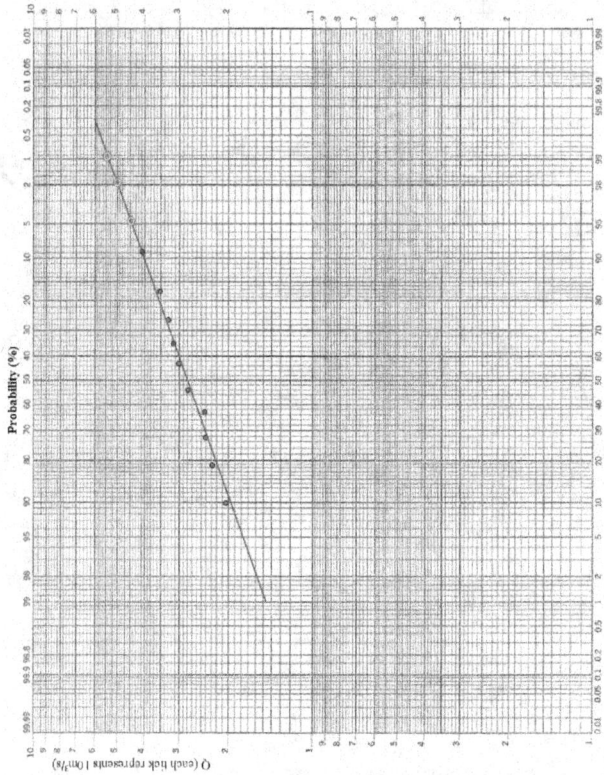

ومن خلال الرسم البياني نجد أن:

T=20, 50, 100 years, P= 0.05, 0.02, 0.01, Q (m^3/s)= 45, 50, 53

الفصل العاشر

التصميم الهيدرولوجى (الخزانات والسدود)

Hydrological Design (reservoirs and dams)

يستخدم التصميم الهيدرولوجى لاختيار المتغيرات الأساسية لنظم هندسة المياه مثل حجم الخزان وامتداد القنطرة وأبعاد المفيض وما إلى ذلك من المتغيرات حيث يتم تصميم جميع المشاريع الهندسية المائية على افتراض الوضع الحالى دون التأكد من الظروف المستقبلية التى يمكن أن تتعرض لها هذه الإنشاءات المائية وذلك يرجع إلى عدم القدرة على التنبؤ بالتسلسل الحقيقى لتدفقات المجارى المائية وافتراض أن العمليات الهيدرولوجية المستقبلية ستكون بنفس النمط فى الماضى وفى هذا الفصل سيتم استخدام التصميم الهيدرولوجى لتصميم السدود والخزانات للامدادات المائية لتوضيح الأمور ذات العلاقة بالأنظمة المائية.

الخزان والسد Reservoir and dam

الخزان عبارة عن بحيرة صناعية لتخزين المياه وكثيراً ما تنشأ الخزانات بواسطة السدود التى يتم إقامتها عبر الأنهار وتتكون من الخرسانة والأتربة والحجارة حيث يملأ النهر الخزان عبر الإنتهاء من إنشائه وهناك عدة أنواع من الخزانات تستخدم ثلاثة منها لإمدادات المياه كالآتى (شكل 1):

(أ) خزان الإمداد المباشر Direct supply reservoir

يتميز خزان الإمداد المباشر باحتجاز المياه المتدفقة إلى الداخل بالجاذبية والتدفق الخارج يتم من خلال أنابيب للإمدادات المائية.

(ب) خزان الضخ Pumped reservoir

التدفق الداخل إلى الخزان يكون من خلال الضخ وينشأ خزان الضخ بواسطة بناء السدود على واد جانبي من المجرى الرئيسى أو من خلال ردم منطقة منبسطة من وادى النهر

(ج) خزان التنظيم Regulating reservoir

يقوم خزان التنظيم بتنظيم المياه المتدفقة حيث يقوم بإطلاق المياه إلى النهر عندما يقل التدفق

عند نقاط السحب بمنطقة المصب ويمكن توفير كثيراً من تكاليف إقامة القنوات المؤدية إلى خزانات التنظيم إذا كان مركز الطلب على المياه يقع بمنطقة المصب ويعتبر مشروع سد باتساى Bhatsai dam إحدى أمثلة خزانات التنظيم لامدادات المياه إلى بومباى Bombay وفى هذا القسم سيتم استكشاف المزيد عن خزان الإمداد المباشر وخزان التنظيم.

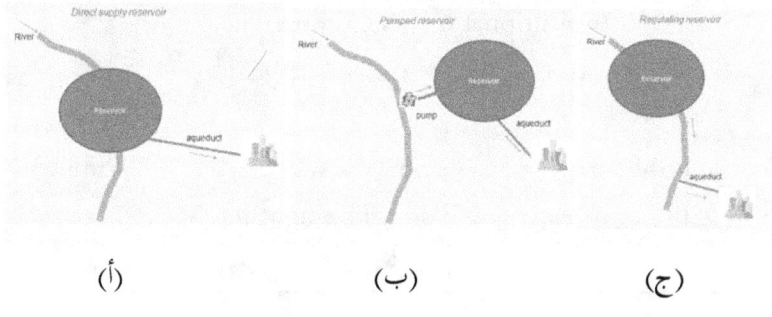

(أ) (ب) (ج)

شكل (1) أنواع الخزانات لإمدادات المياه

أ) خزان الإمداد المباشر ، ب) خزان الضخ ، ج) خزان التنظيم

إجراءات التصميم الأساسية Basic design procedures

الإجراءات اللازمة لمعرفة تخزين الخزان وارتفاع السد لمشروع الإمداد بالمياه يمكن أن يتم من خلال الإجراءات الآتية:

أولاً: تقدير الطلب على المياه بناءً على عدد السكان والعوامل الأخرى.

ثانياً: اختيار عدد قليل من السدود الممكنة بناءً على دراسة الخريطة الكنتورية.

ثالثاً: يجب التحقق من وجود تدفق كاف عند هذه المواقع المختارة لتلبية الطلب على المياه.

رابعاً: من خلال معرفة مساحات أحواض التصريف التى تغطى هذه المواقع منفردة يمكن معرفة أحجام الخزانات وارتفاعات السدود كما يجب اختيار ثلاث أو أربع سدود بصفة مبدئية لإجراء التحليل الهيدرولوجى ويتم اختيار موقع السد النهائى بناء على معلومات أخرى مثل جيولوجية المنطقة والتقييم البيئى والجدوى الإقتصادية .....إلخ.

أ) الطلب على المياه Water demand

ينقسم الطلب على المياه إلى منزلى وتجارى وزراعى وعام بالاضافة إلى فواقد كالآتى (جدول 1):

جدول (1) تصنيف الطلب على المياه.

الطلب	الاستخدام
أ) منزلى Domestice	ويشمل الاستخدامات المنزلية داخل المنزل In-house use وخارج المنزل out-of-house use
ب) تجارى Trade	ويشمل استخدام المياه فى الأغراض الصناعية Industrial والتجارية Commercial والمؤسسية Institutional
ج) زراعى Agricultural	ويشمل استخدام المياه فى الرى والأغراض الزراعية
د) عام Public	ويشمل استخدام المياه فى المتنزهات العامة Public park ومكافحة الحرائق Fire fighting ،...الخ
هـ) فواقد Losses	ويشمل المياه المفقوده فى غير الأغراض السابقة

ويبين جدول (2) معدلات الاستهلاك الإجمالى للمياه لبعض المدن.

جدول (2) معدلات الاستهلاك الإجمالى للمياه لبعض المدن (لتر/للفرد/يوم).

حجم المدينة	الاستهلاك (لتر/فرد/يوم)
1. مدن عالية الصناعة مثل سان فرانسيسكو San Francisco	700 - 600
2. المدن الكبيرة مثل لندن London	500 – 400
3. مدن مختلطة بصناعات متوسطة مثل لفربول Liverpool	350 – 200
4. مناطق حضرية وريفية مختلطة بنسب بسيطة من الصناعة مثل برسل Brussels	200 – 150
5. مدن صغيرة مع طلب صناعى قليل	150 - 90

هذا ويتزايد الطلب على المياه فى الآونة الأخيرة نظراً للنمو السكانى المتزايد والنشاطات الحضرية والصناعية والتوسع الزراعى، ويبين جدول (3) معدل الاستهلاك اليومى لمياه الشرب والأغراض المنزلية فى الوطن العربى خلال الفترة 1985 – 2030م، فى حين يبين جدول (4) الطلب المتزايد على المياه للشرب والأغراض المنزلية حتى عام 2030م (مليون متر^3).

جدول (3) معدل الاستهلاك اليومى لمياه الشرب والأغراض المنزلية فى الوطن العربى خلال الفترة 1985 – 2030م.

أقطار المجموعة	معدل الاستهلاك اليومى للشرب والأغراض المنزلية (لتر/للفرد)				
	1985	2000	2010	2020	2030
1- السعودية، عمان، قطر، الكويت، البحرين، الامارات	200	230	260	280	300
2- سوريا، الأردن، لبنان، تونس، المغرب، العراق، ليبيا، فلسطين	120	150	175	200	220
3- السودان، مصر، موريتانيا، الجزائر، الصومال، جيبوتى، اليمن	75	100	120	135	150

(المصدر: أسعد وروفائيل، 1986 فى العليان، 1996)

جدول (4) الطلب على المياه للشرب والأغراض المنزلية حتى عام 2030م (مليون م3).

الدولة	1985	2000	2010	2020	2030
الأردن	116	216	323	450	581
الإمارات	56	96	140	184	233
البحرين	27	46	67	87	111
تونس	322	599	895	1248	1611
الجزائر	603	1227	1874	2554	3377
جيبوتى	5	10	16	21	28
السعودية	738	1261	1832	2406	3056
السودان	546	1110	1695	2310	3054
سوريا	466	865	1293	1805	2330
الصومال	158	321	491	669	884
العراق	863	1290	1928	2691	3474
عمان	74	127	184	242	307
فلسطين	192	355	532	742	958
قطر	13	22	32	42	54
الكويت	109	187	271	356	453
لبنان	151	280	419	585	755
ليبيا	161	299	447	624	806
مصر	1267	2578	3960	5362	7090

المغرب	1070	1985	2966	4139	5343
موريتانيا	53	107	164	223	295
اليمن الجنوبى	61	123	189	257	340
اليمن الشمالى	157	319	488	664	879
الإجمالى	7208	13423	20206	27661	36019

(المصدر: خورى وأخرون، 1989 فى العليان، 1996)

حساب الطلب على المياه

يمكن حساب الطلب على المياه كالآتى:

الطلب على المياه = معامل الأمان x (معدل السحب + التدفق التعويضى)

Water demand = Safety factor × (Abstraction rate + Compensation flow)

حيث:

معدل السحب Abstraction rate (الماء المستخلص من النهر) = عدد السكان x الاستهلاك المائى

عدد السكان = عدد سكان المدينة المطلوب امدادهم بالمياه

الاستهلاك المائى Water consumption = استعمال المياه باللتر/فرد/يوم

التدفق التعويضى Compensation flow = الحد الأدنى للتدفق المطلوب إطلاقه من الخزان وهو التدفق الذى يجب تفريغه تحت خزان الإمداد المباشر ليعوض الطلب على المياه عند المصب من قبل السكان والنظام الأيكولوجى.

معامل الأمان Safety factor = 1.1 إلى 1.2 تقريباً.

(ب) إنتاجية الحوض Catchment yield

يقصد بإنتاجية (حصيلة) الحوض الجزء من التساقط على الحوض والذى يمكن تجميعه للاستخدام (شكل 2)، كما يجب المقارنة بين الطلب على المياه وإنتاجية الحوض للتحقق من أن المياه كافية عند موقع السد المختار وذلك لتقييم الجدوى الهيدرولوجية لموقع السد المطلوب إنشائه.

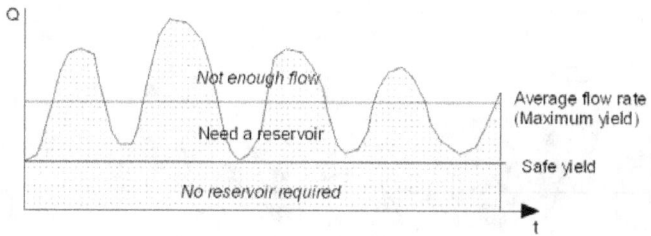

شكل (2) هيدروجراف النهر والإنتاجية.

يقصد بالعائد الآمن Safe yield الحد الأدنى من العائد لفترة ماضية معينة بينما يقصد بالسحب Abstraction الكمية المقصودة أو الفعلية المسحوبة للاستخدام، يجب تعزيز الحد الأدنى للتدفق بالمياه المحتجزة فى الخزان إذا كان الحد الأدنى للتدفق أقل من الحد الأدنى للسحب والذى يجب أن يكون مرضياً فى مشروعات الإمداد المائى، والعائد الآمن Firm yield هو معدل المتوسط السنوى المضمون المسحوب من المياه من خلال الخزان، وبصفة عامة كلما كان تخزين الخزان أكبر كلما كان العائد الثابت أكبر بحيث لا يكون العائد الثابت أكبر من متوسط التدفق الداخل إلى الخزان.

وبصفة عامة يصعب تحديد العائد الثابت ولكن يتم التعامل مع العائد من خلال الاحتمالات فإذا كان التدفق ثابتاً تماماً فلا توجد حاجة للخزان ونظراً لأن التدفق يزداد فإن سعة الخزان المطلوب تتزايد أيضاً.

(ج) تقدير تخزين الخزان Reservoir storage estimation

تستخدم الخزانات للاحتفاظ بالمياه فى فترات التدفقات العالية لاستخدامها فى فترات التدفقات المنخفضة (شكل 3)، وتستخدم خزانات الحجز Impounding reservoirs لوظيفتين أساسيتين هما حجز المياه للاستخدام النافع Impound water و تخفيف تدفق الفيضانات Attenuate flood flows.

تتميز خزانات الحجز بوجود سطح للمياه للتبخر وهذا الفاقد يجب أخذه فى الاعتبار فى تقدير الإنتاجية كما يجب الأخذ فى الاعتبار السكان والنظام الأيكولوجى عند المصب والذى يجب أن تخصص له كميات محسوبة للاستخدام المعتاد (التدفق التعويضى Compensation flow) والذى يجب أن يؤخذ فى الاعتبار عند حساب سعة تخزين الخزان Reservoir storage capacities.

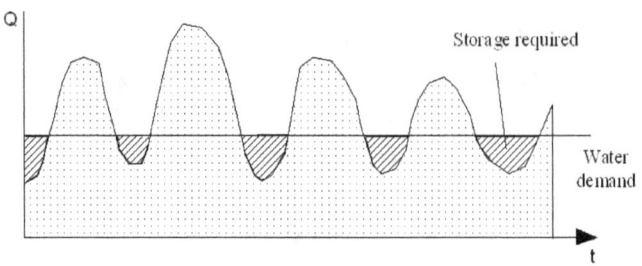

شكل (3) تخزين الخزان المطلوب

وهناك ثلاث طرق لتقدير تخزين الخزان المطلوب كالآتى:

(1) طريقة منحنى الكتلة-مخطط ربل (Rippl Diagram) Mass curve method

تنسب هذه الطريقة إلى مهندس استرالى فى التسعينات من القرن الثامن عشر (1890's) ليجيب عن السؤال "كم حجم الخزان المطلوب لتلبية طلب معين على المياه من خلال سجلات التدفق المتعاقبة"؟

يوضح منحنى الكتلة الحجم الإجمالى (التراكمى) الداخل إلى الخزان خلال سنوات معينة حيث يتم فحص السجلات للفترات الحرجة من الجفاف ويمكن عمل منحنى الكتلة لسنوات متعددة ويمكن الاكتفاء ببيانات التدفق على فترات شهرية كما يمكن اتباع الخطوات الآتية لتطبيق هذه الطريقة (شكل 4):

1- ضع البيانات فى جدول ووقع التدفق التراكمى $\sum Q$ مع الزمن.
2- احسب متوسط التدفق $\bar{Q}$.
3- أضف خط الطلب على المياه.
ميل منحنى الكتلة > ميل خط الطلب (حالة امتلاء الخزان)
ميل منحنى الكتلة < ميل خط الطلب (حالة تفريغ الخزان)
4- ارسم المماس بالنسبة إلى منحنى التدفق التراكمى $\sum Q$ موازياً لخط الطلب عند كل القمم والقيعان للمنحنى مع إهمال القيم المتطرفة فإذا كان الخزان ممتلء عند P_1 سيكون محتاج سعة C_1 للتغلب على فترة التفريغ.
5- أوجد الحد الأعلى C.

6- من خلال نقاط التقاطع مثل F_1 سيقوم الخزان بإفاضة المياه فوق المفيض بافتراض أنه ممتلىء فى P السابقة حتى يتم الوصول إلى نقطة P التالية وفى هذه الحالة يكون الحجم الفائض كالآتى:

الحجم الفائض S = Volume spilled (الارتفاعات العمودية)

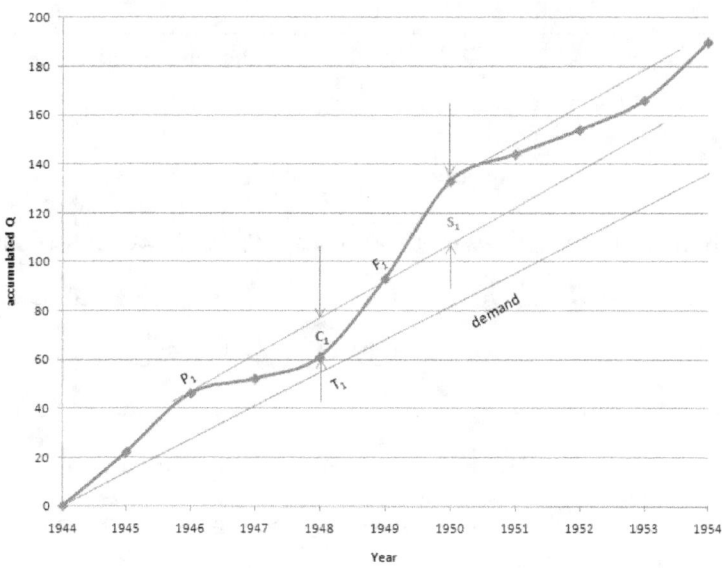

شكل (4) منحنى الكتلة (مخطط ربل)

(2) طريقة التوازن المائى Water balance method

هذه الطريقة مشابهة لطريقة منحنى الكتلة من حيث أنها تستند إلى سجلات التدفق السابقة ولكنها تستخدم التوازن المائى مع جدول لحساب تخزين الخزان والمفيض بدلاً من استخدام المخططات البيانية، ويبين جدول (5) مثالاً لهذه الطريقة وهناك عديد من الطرق البديلة لإنشاء جدول التوازن المائى.

جدول (5) الحسابات المستخدمة فى طريقة التوازن المائى.

No.	Year	Q (m^3/s)	Demand	Diff	Accumulated	Spillage	Water in reservoir
0	1944	0	0	0	0		0
1	1945	22	13.6	8.4	8.4		8.4
2	1946	24	13.6	10.4	18.8	3.3	15.5
3	1947	6	13.6	-7.6	7.9		7.9

4	1948	9	13.6	–4.6	3.3	6.2	3.3
5	1949	32	13.6	18.4	21.7	26.4	15.5
6	1950	40	13.6	26.4	41.9		15.5
7	1951	11	13.6	–2.6	12.9		12.9
8	1952	10	13.6	–3.6	9.3		9.3
9	1953	12	13.6	–1.6	7.7		7.7
10	1954	24	13.6	10.4	18.1	2.6	15.5

Q: التدفق (متر3/ث)، Demand: الطلب على المياه، Diff: الفارق بين التدفق والطلب على المياه، Accumulated: حجم المياه المتجمع، Spillage: حجم الماء الفائض، Water in reservoir: حجم المياه فى الخزان

(3) الطريقة الاصطناعية للحد الأدنى للتدفق Synthetic minimum flow method

تعتمد هذه الطريقة على تحليل الاحتمالات وبيانات التدفق المصطنعة بدلاً من بيانات التدفق الحقيقية المستخدمة فى تقدير التخزين من خلال الإجراءات الآتية:

1– تحديد أطول سجل شهرى للتدفق.

2– اختيار أقل تدفقات شهرية فى كل عام.

3– ترتيب قيم التدفقات الشهرية الصغرى بداية من أقل قيمة جفافاً.

4– تحويل التدفق من متر^3/ث إلى متر^3 أى من معدل تدفق إلى حجم جريان.

5– حساب فترة العودة من خلال العلاقة $(T = (n+1)/m)$.

6– توقيع فترة العودة على ورق لوغاريتمى.

7– رسم أفضل خط يمثل البيانات.

8– قراءة القيمة المقابلة لفترة عودة مقدارها 100 عام من الخط المرسوم أو أى فترة عودة مطلوبة.

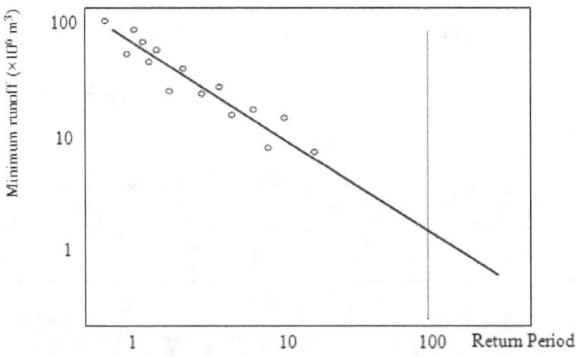

183

شكل (5) فترة عودة جفاف شهري.

كما يجب أن يحقق الخزان الطلب على المياه فى شهر الجفاف مع فترة عودة 100 عام كما يجب على المصممين أن يأخذوا فى الاعتبار فترات زمنية أطول وليس شهر واحد فقط فربما تكون الشهور التالية جافة أيضاً وبتكرار الخطوات الموضحة سابقاً يمكن الحصول على المخطط المبين بشكل (6) وقيم التدفق لإحدى عشر شهراً فى هذا المشروع.

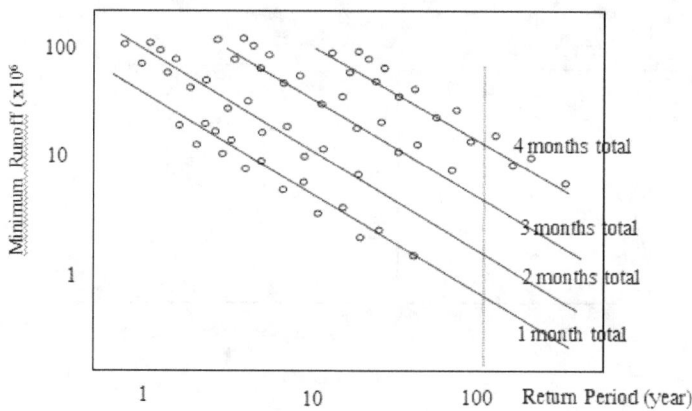

شكل (6) فترات جفاف خلال 1 إلى 11 شهراً.

عندئذ يمكن عمل منحنى الكتلة الاصطناعى من بيانات الحد الأدنى التراكمية للجريان كما هو مبين فى شكل (7) حيث تقرأ كل نقطة من التوقيع اللوغاريتمى فإذا كان الطلب على المياه معلوماً يتم رسم خط المماس حيث يكون ميل الخط مساوياً للطلب على المياه ويمكن إيجاد التخزين المطلوب من الإحداثى السالب.

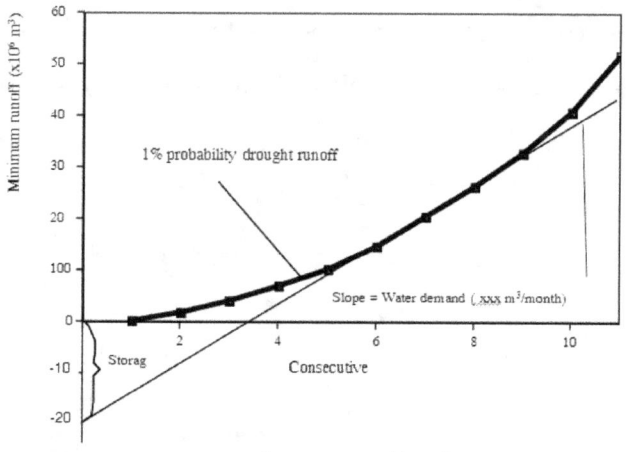

شكل (7) مخطط الحد الأدنى للجريان.

(د) ارتفاع السد Dam height

حيث أن الوظيفة الأساسية للخزان هى تخزين المياه فإن أكثر خاصية أهمية هى سعة التخزين والتى ترتبط بارتفاع السد حيث تكون العلاقة بين ارتفاع السد وسعة التخزين يمكن التعبير عنها بمنحنى الارتفاع التخزين (Elevation– Storage curve) كما فى شكل (8) بناءً على الدراسات الطبوغرافية للمنطقة.

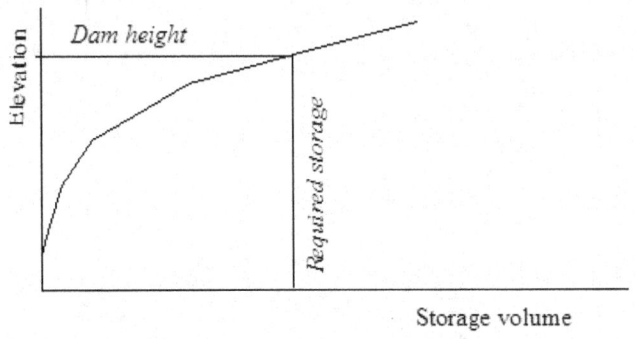

شكل (8) منحنى الارتفاع–التخزين.

يمكن تقدير ارتفاع السد الذى يحقق التخزين المطلوب من خلال منحنى (الارتفاع–التخزين) كما يقصد بالارتفاع المنسوب العادى أو الارتفاع الأقصى الذى سيرتفعه سطح الخزان فى ظروف التشغيل (شكل 8)، وفى معظم الخزانات يتم تحديد المنسوب العادى بارتفاع قمم المفيض Spillway crests أو قمم بوابات المفيض Spillway gates كما يشار إلى المنسوب الأدنى بأقل ارتفاع للخزان يمكن السحب منه تحت الظروف العادية ويمكن تثبيت هذا المنسوب بأقل ارتفاع فى مخرج السد،كما أن الحجم المخزن بين أدنى منسوب والمنسوب العادى يسمى التخزين النافع (المفيد) Useful storage كما يسمى الماء المحجوز تحت منسوب الحد الأدنى بالتخزين الميت Dead storage (شكل 9).

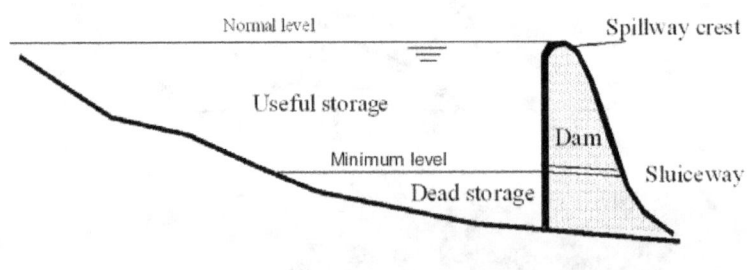

شكل (9) نطاقات التخزين فى الخزان.

185

يطلق على الخزانات المشار إليها أعلاه بخزانات الإمداد المباشر Direct supply
reservoirs أو الخزانات التقليدية Conventional reservoirs حيث تقع معظم
خزانات الإمداد المائي في هذه الطائفة حيث يمتلىء الخزان بالتدفق الداخل الطبيعى ويتم
سحبها من خلال قناة.

وفيما يلى بعض الأمثلة للسدود بجمهورية مصر العربية والمملكة العربية السعودية والسودان

واليمن وسوريا والمغرب وأمثلة لمفيضات السدود بسوريا (شكل 10 إلى 18).

شكل (10) السد العالى بجمهورية مصر العربية.
المصدر: -http://tourism-egyptnow.blogspot.com/2011/05/aswan-high
dam.html

شكل (11) سد المضيق بالقرب من نجران بالمملكة العربية السعودية.

(المصدر: قاسم 2012)

شكل (12) سد الملك فهد على وادى بيشة بالمملكة العربية السعودية.

(المصدر: قاسم 2012)

شكل (13) سد مروى بالسودان.

المصدر: http://www.alnilin.com/albums-action-showalbum-id-13.htm#3

شكل (14) سد مأرب باليمن.

المصدر: http://www.26sep.net/userimages/Image/26sept/sedmarb.jpg

شكل (15) سد الفرات بسوريا.

المصدر: http://www.3rbex.com/vb/img/imgcache/2011/04/1425.jpg

شكل (16) سد بين الويدان بالمغرب.

المصدر: -http://technologie-pixman.blogspot.com/2011/05/blog
post_8833.html

شكل (17) مفيض سد باسل جنوب الحسكة في سوريا على نهر الخابور.

شكل (18) مفيض سد رويحينة بأعالي وادى الرقاد شرق قرية الرويحينة بسوريا.

أسئلة الفصل العاشر
التصميم الهيدرولوجى

السؤال الأول:

اوصف الأنواع المختلفة من الخزانات؟

السؤال الثانى:

إذا كان هناك خزان إمداد بالمياه ذو سعة تخزين مفيدة تبلغ 4.9×10^8 متر^3 تم إنشائه بواسطة إنشاء سد أسمنتى عبر وادى النهر وتم تصميمه ليلبى طلب على المياه مقداره 13.6 م^3/ث وتم اكتماله وتفريغه فى نهاية عام 1944 فإذا كان متوسط التدفقات الداخلة السنوية لفترة 20 عام كانت 22 و 24 و 6 و 9 و 32 و 40 و 11 و 10 و 12 و 24 و 28 و 6 و 7 و 9 و 21 و 16 و 24 و 27 و 19 و 34 م^3/ث على التوالى فاستخدم طريقة التوازن المائى للإجابة على الآتى:

أ) متى كان الخزان ممتلأً لأول مرة؟

ب) قم بتقدير عدد الشهور التى فاض فيها الخزان خلال فترة العشرون عاماً هذه؟

ج) هل جف الخزان خلال هذه الفترة الزمنية؟ إذا كان كذلك متى وكم طول الفترة الزمنية؟

د) إذا كانت بيانات التدفق الداخل متاحة قبل التصميم الأصلى للخزان ما هى السعة التى يمكن أن توصى بها؟

هـ) بمعلومية التخزين الحالى حدد أقصى طلب للمياه يمكن تلبيته خلال السجلات التاريخية المتاحة؟

(الإجابة : أ) سبتمبر 1946، ب) 76.3 شهر، ج) أبريل 1958 و 8.6 شهر، د) 5.9 x 10^8 متر^3، هـ) 12.5 متر^3/ث)

السؤال الثالث:

كيف يمكن حساب ارتفاع الخزان من بيانات تخزين الخزان؟

191

السؤال الرابع:

ارسم مخطط توضيحى لنطاقات التخزين فى الخزان؟

إجابة أسئلة الفصل العاشر
التصميم الهيدرولوجى

إجابة السؤال الثانى:

إجمالى الثوانى فى العام تحسب كالآتى:

$$T_{year} = 3600 \times 24 \times 365.25 = 3.16 \times 10^7 \text{ seconds}$$

سعة الخزان تحسب كالآتى:

$$\frac{4.9 \times 10^8}{3.16 \times 10^7} = 15.5 m^3 / s \quad \frac{4.9 \times 10^8}{3.16 \times 10^7} = 15.5 m^3 / s \cdot T_{year}$$

الجدول الآتى يبين الحسابات المطلوبة.

No	Year	Q (m^3/s)	Demand	Diff	15.5 is the limit Accumulated	Spillage	Water in reservoir
0	1944	0	0	0	0		0
1	1945	22	13.6	8.4	8.4		8.4
2	1946	24	13.6	10.4	18.8	3.3	15.5
3	1947	6	13.6	-7.6	7.9		7.9
4	1948	9	13.6	-4.6	3.3		3.3
5	1949	32	13.6	18.4	21.7	6.2	15.5
6	1950	40	13.6	26.4	41.9	26.4	15.5
7	1951	11	13.6	-2.6	12.9		12.9
8	1952	10	13.6	-3.6	9.3		9.3
9	1953	12	13.6	-1.6	7.7		7.7
10	1954	24	13.6	10.4	18.1	2.6	15.5
11	1955	28	13.6	14.4	29.9	14.4	15.5
12	1956	6	13.6	-7.6	7.9		7.9
13	1957	7	13.6	-6.6	1.3		1.3
14	1958	9	13.6	-4.6	-3.3		0
15	1959	21	13.6	7.4	7.4		7.4
16	1960	16	13.6	2.4	9.8		9.8
17	1961	24	13.6	10.4	20.2	4.7	15.5
18	1962	27	13.6	13.4	28.9	13.4	15.5
19	1963	19	13.6	5.4	20.9	5.4	15.5
20	1964	34	13.6	20.4	35.9	20.4	15.5

Q: معدل التصريف (متر3/ث)، Demand: الطلب على المياه، Diff: الفارق بين معدل التصريف والطلب، Accumulated: حجم المياه المتجمعة، Spillage: حجم الماء الفائض من الخزان، Water in

أ) الخزان فى نهاية 1945 كان 8.4 مع عجز مقداره 15.5 – 8.4 = 7.1، والتدفق الداخل الإجمالى 10.4 لذلك كل شهر له تدفق داخل إجمالى مقداره 12/10.4 = 0.87، والشهور المطلوبة لسد عجز مقداره 7.1 يكون 0.87/7.1 = 8.2 شهر أى فى بداية سبتمبر 1946.

ب) عدد الشهور = 12 x الفيض spillage /التدفق الداخل inflow و من ثم يكون:

(3.3/10.4+6.2/18.4+1+2.6/10.4+1+4.7/10.4+1+1+1)x12= 76.3 months

(3.3/10.4+6.2/18.4+1+2.6/10.4+1+4.7/10.4+1+1+1)x12= 76.3 months

ج) نعم أصبح الخزان جاف فى عام 1958 حيث 12*4.6/13.3 = 3.4 شهراً وهنا أبريل وقد استمر لمدة 4.6/3.3x12 = 8.6 شهراً.

د) أضف مقدار 3.3 وهنا 15.5 + 3.3 = 18.8 م^3/ث ، وإجمالى السنوات Tyear = 18.8 x 3.16 x 107 = 5.9 x 108 م^3.

هـ) الخزان ممتلىء (15.5 م^3/ث Tyear) فى نهاية 1955 ولكن سنة 1956 و 1957 و 1958 منخفضة جداً (6+7+9) = 22 م^3/ث وهنا الحد الأقصى للإمداد المائى يكون 22+15.5 = 12.5 م^3/ث.

ملحق (1): قائمة المصطلحات العلمية

(A)	
Abstraction rate	معدل السحب
Active device	جهاز الاستشعار الايجابى
Aerodynamic method	الطريقة الهوائية- ديناميكية
Agricultural	زراعى
Air based measurements	القياسات من الجو
Air temperature	حرارة الهواء
Aircraft	الطائرات
Aliasing	التشويش
Anemometer	مقياس سرعة الرياح (الأنيموميتر)
Anti-aliasing filter	مرشح مضاد للتشويش
Aquifer	الخزان الجوفى
Aquitard	الطبقة المعطلة لحركة المياه
Areal rainfall	الهطول المكانى للمطر
Arithmetic mean	المتوسط الحسابى
Artesian aquifer	الخزان الجوفى الإرتوازى
Artesian well	البئر الإرتوازى
Artificial rain simulation	المحاكاة الاصطناعية للامطار
Atmosphere	الغلاف الجوى
Attenuate flood flows	يخفف تدفق الفيضانات
Attenuated	يتم إخماده
Auto-correlation	تحليل الارتباط الذاتى
(B)	
Barometer	مقياس الضغط الجوى (الباروميتر)
Base flow	التدفق القاعدى
Bernoulli distribution	توزيع برنولى
Binomial distribution	التوزيع الثنائى
Biosphere	الغلاف الحيوى

Borehole	البئر الاستكشافية

(C)

Capacitance sensors	مجسات استشعار السعة
Catchment	حوض التصريف
Catchment yield	إنتاجية حوض التصريف
Channel roughness	معامل خشونة المجرى
Channel slope	ميل المجرى الرئيسى
Chemical kinetics	علم الحركية الكيميائية
Clay	الطين
Coalescence process	التلاحم بين قطرات السحب
Cold front	جبهة باردة
Combined method	الطريقة المركبة
Commercial	تجارى
Compensation flow	التدفق التعويضى
Conditional probability	الاحتمالية المشروطة
Cone of depression	مخروط الانخفاض
Confined aquifer	الخزان الجوفى المحصور
Confined flow	السريان المحصور
Continuing losses	الفواقد المستمرة
Continuous distribution	التوزيع المتصل
Convective precipitation	التساقط الحملى
Conventional reservoirs	الخزانات التقليدية
Crop coefficient	معامل المحصول
Cross section	المقطع العرضى
Cross-correlation	تحليل الارتباط العرضى
Cyclonic precipitation	التساقط الإعصارى

(D)

Dam	سد
Dam height	ارتفاع السد
Darcy's law	قانون دارسى

Data logger	جامع بيانات
Dead storage	التخزين الميت
Deep	عميق
Depth Duration Frequency curve	منحنى العمق الفترة التكرار
Design rainfall depths	تصميم عمق هطول الأمطار
Dewatered	يستنزف (ينخفض)
Digital terrain maps	خرائط رقمية لاشكال السطح
Direct runoff	الجريان المباشر
Direct supply reservoir	خزان الإمداد المباشر
Discharge coefficient	معامل التصرف
Discrete distribution	التوزيع غير المتواصل
Domestic	منزلى
Double mass curve	منحنى الكتلة المزدوج
Double rings Infiltrometer	مقياس التسرب مزدوج الحلقات
Downstream outflow	التدفق الخارج عند المصب
Drag coefficient	معامل الشد
Drilling	الحفر

(E)

Echoes	الصدى المرتد
Eddy covariance	التباين الدوامى
Effective rainfall (net rainfall)	المطر الفعال (صافى المطر)
Electromagnetic spectrum	الطيف الكهرومغناطيسى
Electronic hygrometers	مقاييس الرطوبة النسبية الكهربية
Elevation – storage curve	منحنى الارتفاع التخزين
Empirical probability	الاحتمال التجريبى
Energy balance method	طريقة توازن الطاقة
Energy input	مدخلات الطاقة
Evaporation	التبخر
Evaporation pan	وعاء التبخر
Evapotranspiration	التبخر – نتح

Exceedance probability	احتماليات التجاوز
Exclusive events	أحداث متنافية
Exhaustive events	أحداث شاملة

(F)

FEFLOW	نموذج السريان
Field capacity	السعة الحقلية
Field measurements	القياسات الحقلية
Finite difference	الفرق المتناهى
Finite element	العنصر المحدود
Fire fighting	مكافحة الحرائق
Firm yield	العائد الآمن
Float rain gauge	عداد قياس المطر ذو العوامة الطافية
Flood defence projects	مشاريع مجابهة الفيضانات
Flooded	فائض
Flood plain	السهل الفيضى
Flow event separation	عزل حالة السريان
Flow routing	توجيه التدفق
Flowing artesian well	بئر ارتوازية متدفقة
Flux	التدفق
Fossil water	الماء الأحفورى
Frequency domain	النطاق التكرارى
Fresh water	المياه العذبة

(G)

Gauge	عداد
Gaussian distribution	توزيع جاوس
General logistic	المنطقى العام
Geographic information systems (GIS)	نظم المعلومات الجغرافية
Geographic reference	الإرجاع الجغرافى
Geostationary orbit	المدار الثابت

Geostatistics	الإحصاء الجيولوجي
Glaciers	الثلاجات
Gravel	الحصى
Green-ampt method	طريقة جرين - امبت
Ground slope	انحدار (ميل) الأرض
Groundwater	المياه الجوفية
Groundwater recharge	تغذية المياه الجوفية
Gumbel distribution	توزيع جمبل

(H)

Heads	قمم
Horton's equation	معادلة هورتون
Hydrograph	الهيدروجراف
Hydrological cycle	الدورة الهيدرولوجية
Hydrological design	التصميم الهيدرولوجي
Hydrological measurements	القياسات الهيدرولوجية
Hydrological statistics	الإحصاء الهيدرولوجي
Hygrometer	مقياس الرطوبة النسبية (جهاز الهيجروميتر)

(I)

Ice caps	القمم الجليدية
Ice crystal process	عملية تكون بلورات الثلج
Impounding reservoirs	خزانات الحجز
Independent	مستقل
Φ-Index	دليل فاى
Industrial	الأغراض الصناعية
Inertial forces	قوى القصور الذاتي
Infiltration	التسرب
Infiltration capacity	سعة التسرب
Infiltration excess runoff	جريان فائض التسرب
Infiltration process	عملية التسرب

Infiltration rate	معدل التسرب
Infiltrometer	مقياس التسرب
Inflow	التدفق الداخل
Infrared	تحت الحمراء
In–house use	الاستخدام داخل المنزل
Initial losses	الفواقد الأولية
Institutional	مؤسسى
Intensity duration frequency curve	محنى الشدة الفترة التكرار
Interflow (subsurface runoff)	الجريان الداخلى (الجريان تحت السطحى)
Intersection	التقاطع
Isohyetal method	طريقة خطوط تساوى المطر

<hr>

(L)

<hr>

Lakes	البحيرات
Laminar	منتظم (انسيابى)
Land based measurements	القياسات الأرضية
Land surface storage	التخزين من سطح الأرض
Latent heat	الحرارة الكامنة
Laws of nature	قانون الطبيعة
Leaf area index	معامل مساحة الورقة
Log normal	اللوغاريتمى العادى
Longwave	موجات طويلة
Losses	الفواقد
Lysimeter	مقياس التبخر — نتح (جهاز الليزيميتر)

<hr>

(M)

<hr>

Marshes	المستنقعات
Mass curve method	طريقة منحنى الكتلة
Microwave	أشعة الميكروويف
MIKE SHE	نموذج السريان

MODFLOW	نموذج السريان
Mutually exclusive	مجموعة متنافية

(N)

Net radiation	الإشعاع الكلى
Net radiometer	مقياس الإشعاع الكلى
Neutron moisture meter	مقياس النيترون
Neutron probe	مجس النيترون
Nonparametric probability	احتمال لامعلمى
Non-rainy day	يوم غير مطير
Nonrecording gauge	عداد قياس المطر العادى
Normal distribution	التوزيع الطبيعى
Not flooded	غير فائض
Nuclear safety training	مجال السلامة النووية
Nyquist frequency	تكرار نيكويست

(O)

Oceans	المحيطات
Optical	عداد قياس المطر الضوئى
Orbit	المدار الفضائى
Orographic precipitation	التساقط الجبلى
Outflow	التدفق الخارج
Out-of-house use	الاستخدام خارج المنزل
Over-estimated	مفرطة التقدير
Overland surface runoff	الجريان السطحي فوق سطح الأرض

(P)

Pan	وعاء التبخر
Passive and active microwave	أشعة الميكروويف الإيجابية والسلبية
Passive device	جهاز الاستشعار السلبى
Peak flow	ذروة التدفق
Pearson distribution	توزيع بيرسون
Piezometric surface	السطح البيزومترى

201

Polar orbiting satellites	الأقمار الصناعية قطبية الدوران
Pore velocity in soil	السرعة المسامية فى التربة
Porosity	المسامية
Possible outcome	احتمال ممكن
Potential evapotranspiration	التبخر – نتح الجهدى
Precipitation	التساقط
Precipitation detector	مقياس التساقط
Probability	الاحتمال
Probability distributions	التوزيعات الاحتمالية
Probability relationships	العلاقات الاحتمالية
Probe	مسبار
Proportionality	التناسب
Psychrometer	مقياس الرطوبة
Public	عام
Public park	المتنزهات العامة
Pumped reservoir	خزان الضخ
Pyranometer (solarimeter)	مقياس الإشعاع الشمسى (البيرانوميتر)

(**R**)

Radiation emission	الانبعاث الإشعاعى
Radiation sensors	مجسات الإشعاع
Radiosonde	المسبار اللاسلكى أو مسبار الراديو
Rain drop size	حجم قطرة المطر
Rain gauge	عداد قياس المطر
Rainfall	هطول الأمطار
Rainy day	يوم مطير
Random event	حدث عشوائى
Random process	عملية عشوائية
Rarity check	تقييم الندرة
Receiver	المستقبل
Recession limb	طرف هابط

Recording gauge	عداد قياس المطر الآلى
Reference evapotranspiration	التبخر – نتح المرجعى
Reflectivity	الانعكاسية
Regulating reservoir	خزان التنظيم
Relative humidity	الرطوبة النسبية
Reservoir	خزان
Reservoir flow routing	توجيه تدفق الخزان
Reservoir storage capacities	سعة تخزين الخزان
Residence time	زمن البقاء
Return period	فترة العودة
Reynolds number	رقم رينولدز
Rising limb	طرف مرتفع
River bed slope	ميل طبقة القاع
River flow routing	توجيه تدفق النهر
River runoff	الجريان النهرى
River weir/flume	هدار النهر/السيال
Rivers	الأنهار
Runoff	الجريان السطحى

(S)

Safe yield	العائد الآمن
Safety factor	معامل الامان
Saline	مالح
Sand	الرمال
Sandstone	الحجر الرملى
Satellites	الأقمار الصناعية
Saturated soil	التربة المشبعة
Saturated water flow	سريان المياه المشبع
Saturation excess runoff	جريان فائض التشبع
Saturation zone	المنطقة المشبعة
Seasonal snow cover	الغطاء الثلجى الموسمى

Sensible heat	الحرارة المحسوسة
Shallow	ضحل
Shortwave	موجات قصيرة
Signal aliasing	تشويش الاشارات
Single ring infiltrometer	مقياس التسرب ذو الحلقة الواحدة
Snow pack	ألواح الجليد
Snow pillow	وسادة الجليد
Soil hydraulic conductivity	معامل التوصيل الهيدروليكي للتربة
Soil moisture content	محتوى رطوبة التربة
Soil moisture deficit	العجز فى رطوبة التربة
Soil moisture sensors	مجسات استشعار رطوبة التربة
Soil suction head	ضاغط الشد للتربة
Solar panel	ألواح شمسية
Solar radiation	الإشعاع الشمسي
Solarimeter	مقياس الإشعاع الشمسى
Spatial data	البيانات المكانية
Spatial time series	السلاسل الزمنية المكانية
Spectral analysis	التحليل الطيفى
Spillway crest	قمة المفيض
Spillway gates	بوابات المفيض
Steady flow	السريان المنتظم
Stevenson screen	صندوق ستيفنسون
Storage	التخزين
Storage function	دالة التخزين
Storage loop diagram	شكل مخطط حلقات التخزين
Storage time constant	ثابت زمن التخزين
Streams	المجارى المائية
Subsurface flow	السريان تحت السطحى
Subsurface runoff	الجريان تحت السطحى
Suction head	ضاغط الشد

Suction pressure	ضغط الشد
Sunshine recorder	مسجل أشعة الشمس
Superposition	التراكب
Surface runoff	الجريان السطحى
Synthetic minimum flow method	الطريقة الاصطناعية للحد الأدنى للتدفق
Synthetic unit hydrograph	وحدة الهيدروجراف الاصطناعية

(T)

Tails	ذيول
Tensiometer	مقياس التوتر السطحى
The Φ index method	طريقة معامل فاى
The basic flow equations	معادلات السريان الأساسية
The outflow equation	معادلة التدفق الخارج
The proportional losses	الفواقد النسبية
Thermometers	مقاييس درجة الحرارة
Thiessen polygon method	طريقة مضلعات تايسين
Time domain	النطاق الزمنى
Time lag	وقت التباطؤ
Time series	السلاسل الزمنية
Tipping bucket gauge	عداد قياس المطر ذو الوعاء القلاب
Total probability	الاحتمالية الكلية
Trade	تجارى
Transmission zone	منطقة التوصيل
Transmissivity	الناقلية
Transmitter	المرسل
Transportable weather station	محطة الطقس المتنقلة
Turbulent	مضطرب
Typical rain drop velocity	السرعة النهائية لقطرة المطر

(U)

| Ultrasonic anemometers | مقاييس شدة الرياح فوق الصوتية |

Uncertainty	عدم اليقين
Unconfined aquifer	الخزان الجوفى غير المحصور
Unconfined flow	السريان غير المحصور
Union	الاتحاد
Unit hydrograph	وحدة الهيدروجراف
Unsaturated soil	التربة غير المشبعة
Unsaturated water flow	سريان المياه غير المشبع
Unsteady flow	السريان غير المنتظم
Upstream inflow	التدفق الداخل
Useful storage	التخزين النافع (المفيد)

(V)

Vadose zone (unsaturated zone)	نطاق التهوية (النطاق غير المشبع)
Validation	التحقق
Vapour pressure	الضغط البخارى
Vapour transport	نقل البخار
Vegetation cover	الغطاء النباتى
Velocity	السرعة
Viscous forces	قوى اللزوجة
Visible	المرئى
Volume spilled	الحجم الفائض

(W)

Warm front	الجبهة الدافئة
Water balance	التوازن المائى
Water consumption	الاستهلاك المائى
Water content	محتوى المياه
Water demand	الطلب على المياه
Water table	منسوب المياه الجوفية
Water well	بئر المياه
Wavelet analysis	تحليل المويجات
Weather balloon	بالون الطقس

Weather radar	رادار الطقس
Weighing rain gauge	عداد قياس المطر ذو الميزان
Weighing factor	معامل وزني
Wetting zone	منطقة الابتلال
Wind direction sensor	مستشعر اتجاه الرياح

ملحق (2): قائمة المراجع والمصادر

أولاً: المراجع العربية

دياب، مغاورى شحاته، 2000، مستقبل المياه فى العالم العربى، الدار العربية للنشر والتوزيع.

الطرباق، عبد العزيز بن سليمان، 2002، المياه بالمملكة: السياسات والتحديات، ندوة الرؤية المستقبلية للاقتصاد السعودى حتى عام 1440هـ (202م)، الرياض، المملكة العربية السعودية.

عجلانى، آمنه بنت أحمد بن محمد، 2010، تطبيق نظم المعلومات الجغرافية فى بناء قاعدة بيانات للخصائص المورفومترية ومدلولاتها الهيدرولوجية فى حوض وادى يلملم، رسالة ماجستير، قسم الجغرافيا، كلية العلوم الاجتماعية، جامعة أم القرى، المملكة العربية السعودية.

الغامدى، سعد أبو راس، 2009، تطبيق نموذج جافريلوفيك لتقدير مخاطر التعرية المائية فى حوض وادى نعمان بوسائل تقنيات الاستشعار عن بعد ونظم المعلومات الجغرافية. المجلة المصرية للتغير البيئى، العدد الاول، ص 8-33.

قاسم، محمد عبد الوهاب، 2012، مصادر المياه بالمملكة العربية السعودية. وزارة الزراعة، المملكة العربية السعودية.

ثانياً: المراجع الأجنبية

Bayumi, T. H., 2008, Quantitative groundwater resources evaluation in the lower part of Yalamlam basin, Makkah Al Mukarramah, Western Saudi Arabia. JKAU: Earth Sci., Vol. 19, pp. 35-56, (2008 A.D./1429 A.H.).

Brikowski, T. H. and Farid, A., 2006, Pathline-calibrated groundwater flow models of NileValley aquifers, Esna, upper Egypt. Journal of Hydrology, Volume 324, Issues 1–4, 15 June 2006, Pages 195–209

Chow, V.T., Maidment, D.R. and Mays, L.W. 1988, Applied Hydrology, McGraw-Hill.

Connected Water Resources Project, 2009, http://www.connectedwater.gov.au/framework/hydrometric_k.php

FAO, 1998, Crop evapotranspiration – Guidelines for computing crop water requirements – FAO Irrigation and drainage paper 56, http://www.fao.org/docrep/X0490E/x0490e00.htm

HEC, 2009, HEC-HMS user manual, http://www.hec.usace.army.mil/software/hec-hms/index.html

Linsley, R.K., Franzini, J.B., Freyberg, D.L. and Tchobanoglous, G. 1992, Water Resources Engineering, Fourth Edition, McGraw-Hill.

Viessman, W. and Lewis, G 1996, Introduction to Hydrology, HarperCollins College Publishers.

Wikipedia, 2009, 'hydrological cycle', 'Drainage basin', 'precipitation', 'Evaporation', 'Evapotranspiration',' Eddy covariance', 'groundwater', 'aquifer', 'water table', 'MODFLOW', 'FEMFLOW', 'MIKE SHE', 'hydrograph', 'time series, 'Nyquist frequency', 'Aliasing', 'Probability', 'Return period', reservoir', etc.

ثالثاً: مواقع الإنترنت

http://airpurifiersanddehumidifiers.com/wp-content/uploads/2010/09/Hygrometer.jpg

http://biosystems.okstate.edu/darcy/LaLoi/figure1.jpg

http://commons.wikimedia.org/wiki/File:Wind_finding_weather_balloon_release.jpg

http://upload.wikimedia.org/wikipedia/commons/thumb/2/26/Banner_clouds.jpg/800px-Banner_clouds.jpg

http://farm4.staticflickr.com/3265/3085813308_b5edd360fe_z.jpg?zz=1

http://meteolcd.files.wordpress.com/2011/06/campbell-stokes_recorder_800p.jpg

http://physics.kenyon.edu/EarlyApparatus/Thermodynamics/Hygrometer/Denison74a.JPG

http://switches-indicators-gauges.seotechnologies.com.au/wp-content/uploads/2010/10/tipping-bucket-rain-gauge.jpg

http://tourism-egyptnow.blogspot.com/2011/05/aswan-high-dam.html

http://www.ars.usda.gov/Research/docs.htm?docid=21091

http://www.edupic.net/Images/ScienceDrawings/Thumbs/barometer_sm.gif
http://www.eoearth.org/article/Hydrologic_cycle
http://www.gamesgadgetsnmore.co.uk/ggmshop/images/wireless_rain_guage.jpg
http://www.geog.ucsb.edu/ideas/COPRphotos/070718_AnemometerCOPR_photobyDar_500W.png
http://www.hilbec.com/images/Double%20Ring.jpg
http://www.infobarrel.com/media/image/56712.jpg
http://www.isws.illinois.edu/atmos/images/radarB-chill.jpg
http://www.nature.com/ngeo/journal/v4/n7/images_article/ngeo1192-f1.jpg
http://www.ncms.ae/radars/main.asp
http://www.nerc-wallingford.ac.uk/ih/nrfa/spatialinfo/Index/introCatchmentSpatialInfo.html
http://www.quora.com/What-is-the-difference-between-polar-and-equatorial-orbits
http://www.rap.ucar.edu/projects/marshall/pics/ETI_Optical_Rain_Detector_26May00_web.jpg
http://www.strathspeyweather.co.uk/Images/WxScreen.jpg
http://www.thelabwarehouse.com/external/commerce/1/gfx/hires/bf107-40.jpg
http://www.tnau.ac.in/aecricbe/swce/images/np.jpg
http://www.wagtechprojects.com/system/uploads/attachments/0000/1613/dial-gauge-tensiometer---im_product_page_lightbox.jpg
http://www.weatheronline.co.uk/daten/vorher/500px/2012/06/28/n/ukuk/n_20120628_h15_ukuk_en.gif?201206281554

رابعاً: مصادر أخرى للاطلاع

ينصح بالرجوع إلى المصادر الآتية لاستكشاف المزيد عن موضوعات الهيدرولوجيا.

CEH, 1999, Flood Estimation handbook, Centre for ecology and hydrology.

Haan, C.T., 2002, Statistical Methods in Hydrology, Iowa State Press.

Skeat, W.O. and Danerfield, B.J. 1969, Manual of British Water Engineering Practice, Fourth Edition, Volume II, Edited book, W. Heffer & Sons Ltd., Cambridge, England.

Steel, E.W. and McGhee, T.J. 1979, Water Supply and Sewerage, Fifth Edition, McGraw-Hill Book Company, 1979.

Twort, A.C., Law F.M., Crowley, F.W. and Ratnayaka, D.D. 1994, Water Supply, Edward Arnold, London, Fourth Edition.

Wilson, E.M. 1983, Engineering Hydrology, 3rd Edition, Macmillan Publishers, UK.